破局生长

快速成为一个很厉害的人

姚茂敦 著

化学工业出版社

·北京·

内容简介

在日新月异的时代浪潮中，社会经济与科技创新并肩疾驰，新型商业模式如雨后春笋般涌现，人们的生活和工作节奏加快，心理压力较大，普遍存在这样或那样的焦虑感和无助感。为破解这一难题，引领读者穿越迷雾，找到自我成长的破局之道，特编写了《破局生长：快速成为一个很厉害的人》一书。

全书共分为四章，每一章均聚焦于一个核心主题，内容涉及性格分析、时间管理、读写赋能、效率革命、科学理财与赚钱、商业洞察等关键领域，这些内容不仅是当下社会热议的焦点，更是个人成长与职业进阶不可或缺的基石。作者以其丰富的实践经验与深刻的理论洞察，将这些看似难解的议题，化为可操作的策略与技巧，旨在帮助读者构建一套完整的自我提升体系。

本书不仅是一部知识集锦，更是一次心灵的启迪之旅，引导读者在快节奏的生活中找到平衡与方向，学会如何在信息洪流中精准定位，如何在竞争激烈的市场中脱颖而出，以更加智慧、坚韧的姿态，掌控自己的人生。

图书在版编目（CIP）数据

破局生长：快速成为一个很厉害的人／姚茂敦著．
北京：化学工业出版社，2025.1. -- ISBN 978-7-122-46628-0

Ⅰ. B848.4-49

中国国家版本馆 CIP 数据核字第 2024Z5Y824 号

责任编辑：夏明慧　　　　　　　装帧设计：子鹏语衣
责任校对：宋　夏

出版发行：化学工业出版社（北京市东城区青年湖南街 13 号　邮政编码 100011）
印　　装：三河市双峰印刷装订有限公司
880mm×1230mm　1/32　印张 6³⁄₄　字数 88 千字
2025 年 1 月北京第 1 版第 1 次印刷

购书咨询：010-64518888　　　　　售后服务：010-64518899
网　　址：http://www.cip.com.cn
凡购买本书，如有缺损质量问题，本社销售中心负责调换。

定　　价：48.00 元　　　　　　　　　　　　　版权所有　违者必究

前言

做一个让人喜欢且受尊敬的人

岁末年初,我比较正式地收了一个徒弟。这个决定是我经过 3 年思考之后慎重做出的。没想到此事在朋友圈引发热议,大家觉得比较"奇怪"的地方有两点:一是徒弟的年龄比我还大;二是我从不收徒弟,这次竟打破了惯例。

根据传统认知,收徒的人似乎要么白发须眉,要么德高望重,而我与这两点都不沾边。因此,大家觉得"奇怪"倒也正常。

这些年,我带教过很多人,也帮过不少人,其中有那么一些人想拜我为师，我都持拒绝的态度。我对收徒这件事格外谨慎，原因有三：一是觉得自己年龄还没到；二是尚未做出太亮眼的成绩，没什么可教给别人的；三是害怕有人打着我的旗号到处招摇撞骗。

但这个徒弟很执着，过去几年，她通过微信、电话、线下交流等方式，多次表达了想拜我为师的想法，我均婉拒。

直到 2023 年年底，她又在微信上说想拜我为师，我好奇她怎么又提起这事。她答："因为我想快速成长起来，像您一样，成为让人喜欢且受尊敬的人！"

"我很焦虑，不知道未来做什么，很想让自己变得强大起来，但不知道如何提升。您人特别好，乐于助人，让人喜欢，和您交流让人觉得温暖，可靠且不虚。至于受尊敬嘛，是见您几乎没有什么休息时间，无论周末还是节假日，甚至半夜还在写公众号文章，或者在社群里分享很多读书和写作的知识，让我获益匪浅！"

如今，社会发展速度和工作、生活的节奏太快，大家普遍感到焦虑，无不期望自己成为更厉害的人。

"行，那就做我徒弟吧！"

就这样，这位年纪比我大的女士成了我生平收的第一个徒弟。

其实，这本书正好与当下社会大众普遍的焦虑以及想"做一个让人喜欢且受尊敬的人"有关。

过去十年，社会经济与科技创新并肩疾驰，经济发展开始从高速发展阶段进入高质量发展阶段，新型商业模式如雨后春笋般涌现，生活与工作节奏加快，人们心理压力普遍较大，焦虑感和无助感也随之产生。

于是，很多人都在思考，到底该如何改变困境，破局成长，更好地把控自己的人生大局呢？这本书或许能给你一些启发。

这本书的篇幅不大，因为不想说枯燥的理论或不痛不痒的话，呈现给大家的，只有深度思考和干货建议。书中的很多内容有可能会打破你的固有思维，内容涉及认知、性格、时间、读书、学习、写作、赚钱等诸多热门关键词，都是我过去实践的体悟，希望对读者有帮助，也祝愿看过这本书的每一位读者都能够成为一个很厉害的人，活得更自信、更有尊严，也更有底气。

著 者

目录

第一章
打牢基础：突破自我认知局限
001

真实：你看到的不一定是真相	003
反思：你真的懂自己吗？	010
惯性：刻板思维让你自缚手脚	018
禁锢：过分在意别人会禁锢自己	026
潜力：挖掘潜力绝不是喊口号	034
引领：与时代同行不如引领时代	040

第二章
破圈升级：
最优方法
提升效率
049

时间：	时间像海绵里的水，你得使劲挤	051
效率：	你为何一直效率低下	058
努力：	如果说努力无用，你肯定不同意	066
状态：	状态不好的背后藏着哪些秘密	073
气场：	牛人的气场来自哪里	080
强者：	做最强的自己是有方法的	087
提升：	读写赋能，不断提升自己	095

第三章
提质精进：
用科学的
方法高效
变现
103

本质：	厘清商业社会的本质	105
赚钱：	大方赚钱不必遮掩	112
边界：	恪守法律和道德边界	119
脾气：	金钱是有脾气的	125
方法：	好方法比努力更重要	132
管道：	管道收益比复利更具威力	140
利器：	压力与欲望是前行的利器	148

▶ **第四章**

终极目标：
成为别人的
学习对象

155

激励：榜样的力量　　　　　　　　　　157

秘诀：虚心向学习者学习　　　　　　　165

希望：你就是别人的希望　　　　　　　172

人生：想要的人生近在咫尺　　　　　　179

精神：你会为这个世界留下什么　　　　188

平凡：成为平凡但不简单的人　　　　　195

▶ **结语**

202

第一章

打牢基础：
突破自我认知局限

认知决定思维，思维决定行为，行为决定结果。一个人的成长有多快，事业前景有多好，未来成就有多大，与其自身的认知密切相关。尤其是在瞬息万变的当下，过去行之有效的传统思维不一定适合新的时代，要想在新的时代环境下提升自身核心竞争力，更快地获取目标结果，打破传统固有思维，突破自我认知局限，显得尤为重要。

真实：
你看到的不一定是真相

常言道：耳听为虚，眼见为实。是的，放在经济和科技还不发达的时代，这句话绝对是真理。如今，时过境迁，社会环境和时代背景已经发生巨大变化，如果因循守旧，抱残守缺，可能会吃大亏。因为你看到的世界不一定真实！

（1）"眼见为实"是真的吗？

《吕氏春秋》记载了一个有趣的故事：孔子穷乎陈、蔡之间，藜羹不斟，七日不尝粒。昼寝。颜回索米，得而爨之，几熟，孔子望见颜回攫其甑中而食之。选间，食熟，谒孔子而进食。孔子佯为不见之。孔子起曰："今者梦见先君，食洁而后馈。"颜回对曰："不可。向者煤炱入甑中，弃食不祥，回攫而饭之。"孔子曰："所信者目也，而目犹不可信；所恃者心也，而心犹不足恃。弟子记之：知人固不易矣。"故知非难也，孔子之所以知人难也。

把这段话翻译过来，大意就是：孔子在陈国和蔡国之间遭遇困境，穷困潦倒，只能吃些没有米粒的野菜，七天没有吃到粮食，白天只能睡觉。颜回讨来米后烧火做饭，饭快要熟的时候，孔子看见颜回抓取锅里的饭吃。过了一会儿，饭熟了，颜回为孔子端上饭食。孔子装作没有看见刚才的事，起身说："我刚才梦见了祖先，我得先吃干净的食物，才能祭祀祖先。"颜回回答说："不行，刚才有灰尘掉到锅里，扔掉沾了灰尘的饭不吉利，我就抓起来吃了。"孔子叹息着说："应该相信自己的眼睛，但是眼睛看到的也不一定可信；应该相信自己的心，但是心也不能完全依靠。弟子们要记住，了解一个人确实不容易啊。"所以，有所知并不难，掌握知人之术就难了。

这就是孔子的弟子颜回"偷食"的故事。试想一下，连圣人孔子亲眼看到的，都不一定是真相，普通人要想光靠眼睛判断事情的真相，难度是很大的。

事实上，我们所看到的事物，很多时候不一定是真相，可能只是假象，事物的本质和规律往往隐藏在表象背后。另外，我们必须明白，认知的途径包括感性认知和理性认知，眼睛看到的有时候只是感性认知，而感性认知有较大局限性。与此同时，个人的主观意志也会影响对事物的判断，要找到事物的本质和规律，光靠眼睛看见还远远不够，理性、客观的思考以及深度的分析是必不可少的。

（2）提高判断和验证能力才是关键

曾经在网上看见过一张图，图中，一头体型彪悍的豹子将一只幼崽叼在嘴里，人们看到的第一眼，可能会感到很惊讶。心想，豹子竟然如此残忍，要吃掉自己的幼崽。但如果换一个角度来看，我们会发现，人们的第一反应并不是事情的真相。原来，是豹妈妈用嘴含着自己的孩子，保护着自己的宝贝，眼中还散发着母爱的光辉！

既然我们看到的不一定是事实，是不是"眼见为实"就失效了呢？

还别说，很多时候还真是这样。尤其是在高科技时代，精妙修图、AI换脸等功能完全可以做到"黑白颠倒"，真假难辨。

基于此，提高判断和验证能力也就显得尤为关键。

那么，我们应该如何提高这种能力呢？在我看来，如下几点必须具备。

首先，以谦卑之心，持续主动学习，积累专业知识，丰富人生经验。一个人的各种能力不是凭空得来的，除了基本的生存能力，大部分能力都需要通过不断积累、总结和主动学习得来。

其次，对于关键问题，必须有一定的批判思维和独立思考能力，不盲目迷信和崇拜权威。尤其是涉及职场升迁、人生方向和事业发展等问题时，多问几个为什么不是什么坏事，如果只顾埋头冲锋，是非常危险的。

最后，不要轻易将过去的经验用于解决当下的问题，更不能让自信变成可怕的自负。特别是在当下社会，新知识、新技能和新业态层出不穷，很多"老江湖"会不可避免地遇到新问题，如果不虚心学习，只晓得凭感觉生搬硬套以往的经验，可能会酿成大错。比如，如今汽车的智能驾驶技术越来越先进，之前一些学习手动挡驾驶的驾驶员，在面对人机交互界面时，就会紧张不安，不敢随便操作，害怕一个不小心引发交通事故，甚至危及生命。

（3）感受比看到的更真实

在当下的环境中，我认为感受比看到的更真实、更可信。

对于这句话,我之前了解不深。直到几年前,发生在我一位小伙伴身上的事情,让我的认知发生了变化。

小高是我的一位邻居。在大家眼中,小高妈妈对他特别好,人前人后嘘寒问暖,大家都说小高有福气。

但小高对于外面的这些说法不以为然。因为他最清楚,别人看到的只是表象,并非真实情况。他还说,外人一般看不到他妈妈真实的一面。

对于小高的抱怨,之前我觉得小高太矫情,是身在福中不知福。

不过,在连续碰到两件事之后,我终于相信了小高的说法。

一次是某个酷热的夏天,小高的爸爸在外出差,我和小高正在房间里看书,他妈妈气冲冲地推门进来,严令不得开空调,并且拿走了房间里面的电扇,嘴里还一直骂骂咧咧。

另外一次，是高考前的一个晚上，小高来找我谈点事情。因为回去的时间超过了他妈妈所限定的最后时限，小高不敢一个人回家，一再央求我陪他回去。无奈之下，我只能把他送到家门口，没想到我刚刚转身，就听到小高被大声训斥……

人前一套，人后一套，这样的人确实不少。无论是在职场打工，还是当老板创业，我们总会遇到形形色色的人，经历奇奇怪怪的事，面对纷繁复杂的社会，我们除了练就一双火眼金睛，还要学会用心去感受。有时，你看到的未必是真相，而真切的感受则更加可靠。

反思：
你真的懂自己吗？

2024年2月24日，正月十五，中国龙年的元宵节。从传统意义上来说，元宵节标志着"年"就要正式过完了。

当天，一位姓管的女性朋友突然给我打电话，在电话里絮絮叨叨说了半个小时，哭诉说自己要崩溃了。

安慰了半天，总算让管女士的情绪平复了下来。挂掉电话，我仔细分析了一下让管女士情绪失控的原因。当天在她身上一共发生了三件事：一是被婆婆批评太懒惰；二是强行收走女儿的压岁钱时，被女儿回怼没权力这么做；三是被老公批评太霸道。

仔细想来，大过年的，一天之内接连遭遇几件烦心事，换谁都觉得憋屈和窝火。更何况，在外人眼中，管女士是精明干练的现代女性，名校研究生毕业，颜值也高，她也觉得自己比较优秀，怎么到了家人那里，竟然什么都不是！这种巨大的反差让她难以理解。

那么，问题到底出在哪里呢？

（1）别人眼中的你和你眼中的自己并不一样

事实上，很多时候，我们对自己的看法和别人眼中的看法并不一样，甚至可能差别很大。这本身是一个简单问题，但却容易被忽略。

比如管女士，一直觉得自己很优秀，是个很厉害的人，但在婆婆、女儿和丈夫眼中，不能说是最差的，但似乎也算不上优秀。

在婆婆看来，作为儿媳妇的管女士很少做饭，家务也不怎么做，高学历的人不一样要吃饭穿衣，不都是一日三餐！管女士则认为，凭什么自己要承担所有家务，洗衣做饭，而丈夫什么都不干。

在女儿看来，自己的压岁钱是长辈给自己的，属于自己的财产，理当由自己支配，妈妈为什么要收走？管女士却不这样想，她认为，女儿才七八岁，还不懂得怎么合理花钱，自己收走孩子的压岁钱，主要是为了避免孩子乱花钱，造成浪费，这有什么错？

在丈夫看来，妻子在职场作为管理者，强势一些也无妨，但回到家仍然强势，让人难以接受。管女士则认为，自己工作能力等各方面都很优秀，收入高，对家里的贡献最大，偶尔多说几句，也没什么吧？

这可能就是问题所在。在家庭里，管女士对自己的认知与其他家庭成员对她的认知是不尽相同的。管女士可能还没有完全懂自己，她习惯于用工作中强势的管理风格来处理家庭关系，而她并没有意识到，职场和家庭是两个不同的系统和场景，不同场景下的相处之道是有很大区别的。

事实上，人对事物的认知一旦形成，是很难打破的。这种认知在某些特定的环境中是正确的，但一旦时空环境改变，情况就完全变了，甚至可能带来相反的效果。认知之所以很难改变，原因有很多，其中最关键的一个是认知有惯性。这就好比一个巨大的圆球冲下山坡，想要阻止或改变这个圆球的运动轨迹，就需要比圆球前进动力大得多的外力。

（2）成功全是自己努力，失败都怪运气不佳

大家有没有发现一个有趣的现象，身边有一些人总喜欢把成功全部归于自己努力，而失败都归于运气不佳。

在心理学上，有一个词叫自利偏差。简单来说，就是一些人喜欢将好事或功劳归于自身："这件事情能成，是因为我太聪明了。"或者说："要不是我，这事肯定没戏。"与此同

时，将失败归于外因："是我运势不佳！要是运气好点，肯定没问题。"

多年前，我在一家杂志社工作。部门有一位姓高的主管，工作能力一般，但抢功推责的功夫却是一流。

一次，我所在的采编部门要去采访一位客户。出发之前，一位部门女同事前后多次打电话和对方沟通，一直在协调见面时间，但客户总是变来变去。女同事感觉很无奈，就向部门主管高先生求助。

按理说，面对这种情况，作为部门领导，协助同事完成采访任务是责无旁贷的，但高先生呈现出一副"事不关己，高高挂起"的态势，然后找了一个借口，直接拒绝了女同事的请求。

后来，在这位女同事的软磨硬泡下，终于定下了采访时间。当期专访的效果很不错，在单位的季度优秀作品评选大会上，女同事的专访文章被评为一等奖，奖金1000元。然而在分配奖金时，高先生直接拿走了800元，理由是自己对采访提供了专门指导，协调各种关系等。这件事令女同事烦闷不已，后来索性辞职了。

几年后，我偶遇之前的女同事，她已经有了自己的公司。而据之前杂志社的老同事说，高先生因工作重大失误被辞退，如今仍失业在家。

很显然，高先生属于对自己认识不清的那一类人。面对不同的情况，他会不自觉地启用一套保护机制，无论是好事还是坏事，都会尽量寻求对自己最有利的方式，而不太管别人的感受。至于这样做会带来什么后果，他也并不愿意去考虑。

（3）将兴趣与能力画等号

相信每个人都听说过一句话："兴趣是最好的老师。"

从某种意义上来说，这话有一定的道理，但不全对，需要辩证地去看待。通常来说，做一件事要想成功，有兴趣和没兴趣确实会带来不同的结果。有兴趣的事情，做起来心情愉快，就算再苦再累都不是事儿，也容易成功；反之，没兴趣的事情，会让人痛苦不堪，失败的概率较大。

但必须指出一个事实，"兴趣是最好的老师"这句话很容易给人一种错觉，让很多人盲目地认为只要是有兴趣的事，自己肯定能够做好。

但喜欢做某件事和擅长做某件事的区别很大。换句话说，有兴趣只是让成事多了一道加成，不完全等于有能力，不能轻易将二者画等号。

2018年，韩寒曾在其微博发过一篇长文《民间高手和职业运动员到底谁更强》，回忆自己20岁时曾与某职业足球队的儿童预备队比赛，对手都是五年级左右的学生。韩寒还想着要让一让小孩子，没想到他所在的队被这群小学生以20∶0

打败。

在我看来，一个人能够知晓自己的兴趣所在，是好事，就怕浑浑噩噩，忙碌一生，却不知道自己的爱好和兴趣到底是什么。仔细想来，这种情况其实挺悲哀的！换句话说，我们每天被时代浪潮和生活琐事裹挟着前行，直至生命终了，竟然没有搞懂自己为何而活。

不过，需要提醒的是，知晓兴趣只是第一步，要想将兴趣真正变成专业能力，还有较长的路要走，中间需要长时间的反复训练和大量实践，只有不断解决实际问题，才能让这种能力变得更加出色。

总之，真正了解和懂得自己，客观评估和利用好自己的长处，显得尤为关键，千万不要被一些自以为是的想法蒙蔽了双眼。

惯性：
刻板思维让你自缚手脚

来到这个世界，每个人都不容易。对于要养家糊口的成年人来说，心中的苦闷只有自己能体会得到。

但让人郁闷甚至不解的是，明明自己很努力，每天起早贪黑，个人成长却很慢，也赚不到什么钱，当家里遭遇重大变故，需要自己站出来时，只能两手一摊，或者唉声叹气，根本使不上力！

我相信，面对这种结果，善良和极具责任心的你肯定懊恼不已。那么，你有没有想过，问题到底出在哪里？

（1）经验不一定靠得住

在日常生活中，我们曾经无数次被权威或长辈教导：我吃的盐比你走的路还多，必须听我的！

的确，在某些方面，经验是有用的，这一点谁也不能否认。比如，即使再厉害的人，也要先学会走路，然后才会跑。但是，用过去的经验解决当下和未来的问题，不一定靠得住，甚至还有可能带来相反的结果。更何况，之前积累的经验也不完全是准确的。

在经济和技术不发达的时代，从 A 点到千里之外的 B 点，除了步行，只有骑马、坐船等少数交通方式可以选择。如今，随着社会经济的发展和科技的快速进步，我们可以选择的方式实在太多了，可以坐高铁，也可以自己开车，有条件的还可以坐飞机。

因此，对于所谓的经验，我们必须用最新知识批判性地选择使用。如果你的鉴别能力不够，很容易吃大亏。至于如何提升对经验的鉴别能力，又与你的学习能力密切相关。

小王是我比较喜欢的员工，年轻、勤奋、情商高，就是爱耍点小聪明。一次，一位客户在使用 Word 文档修改书稿时，需要使用修订模式，以便我们看到修改痕迹。客户的年龄偏大，对操作不熟悉，需要我们现场指导。在工作中，客户的需求就是"命令"，不容疏忽和怠慢，我立即安排小王负责此事。但小王的做法不太令我满意。他先是花半个小时做了一份操作步骤。客户表示看不懂，他又在网上找到一个操作视频发给对方，客户表示学不会。

小王觉得，之前有多位客户也遇到这种情况，都是这么操作的。何况这么简单的事情，看一下操作流程就会了，完全没必要上门服务。但他忘记了最重要的一点，客户不是"90 后"，更不是"00 后"，客户已经 50 多岁，对电脑本身并不熟悉。事实上，从本单位到客户的单位，不过两公里，骑车过去也就十来分钟，结果因为恪守固有经验，多花时间不说，还让客户心生不满，觉得我们没有服务意识，后续的合作也很不顺利。

（2）惯性思维害人不浅

很多人之所以坚信经验的力量，归根结底是脑子里的惯性思维在作祟。

在快节奏的当下，惯性思维会带来哪些坏处呢？在深入剖析后，我发现至少有五大弊端。

一是容易犯经验主义错误。殊不知，经验主义会让我们总是活在过去，不敢或不愿面对新生事物。

二是喜欢自以为是。生活中，有太多自以为是的人，或许他们有一定的能力，但他们不可能每次都判断准确，盲目自信反而容易导致失败。

三是不再勤于思考。人一旦自信过头，也就不愿意学习和思考，大脑会变得迟钝，做事效率会大幅降低，后果极其严重。

四是产生麻痹心理。尤其在关键问题上，麻痹心理带来的可能是无可挽回的损失。

五是严重缺乏创新。无论过去、当下还是未来，创新始终是推动社会经济发展和个人成长的重要动力。

几年前，部门的一个员工发生过一件令人记忆深刻的事情。我请他一早给客户送一份急要的材料，交代完之后，我就忙其他事情去了。临近中午12点时，客户打来电话，焦急万分地问我：为什么材料没有送到？

这通电话直接让我蒙了，赶紧把同事叫来，询问怎么回事。

"姚总,您说的那个材料只需要在网上下载一个东西,拿来改一下,几分钟就搞定,下载地址发过去了,修改方法我也在微信上跟他说了,所以材料不用送!"同事一副振振有词的样子,我差点被气昏倒。

这就是一些职场人典型的刻板思维,而且还自以为是。这位同事习惯将自己已经固化的思维和认知套用在别人身上,而他不知道的是,客户当时正在一个重要项目的开标现场,根本没时间看微信,也不可能马上从网上下载资料,然后进行修改。

经此一事,客户觉得我们的员工做事不靠谱,取消了和我们的合作,这位员工知道自己责任重大,最终选择自行辞职。这么多年过去了,希望他能够吃一堑长一智,磨炼心智、提升自己的服务意识,只有这样,他才能在新的岗位上做出成绩。

（3）自缚手脚更可怕

惯性思维人人都有，任何人都难以完全摆脱。而这种思维带来的最可怕的后果就是自缚手脚，让人失去提升自己的动力和干劲。长此以往，个人的核心竞争力必将大受影响。

2023年，一位企业家想打造个人IP（直译为知识产权，在互联网界被引申为所有成名作品的统称），出版一本图书。对于这种项目，我实在是太熟悉了。这么多年来，对此类客户的需求早已烂熟于心，我也就没有太在意准备工作。

到了约定见面的时间，我高高兴兴地来到客户的公司，当我走进会议室的那一刹那，心想：坏了！

原来，我并未对客户进行深入了解，包括客户的性格、创业过程，以及公司在行业的地位，想通过这本书达到哪些目的等。面对客户的一通提问，我只能依靠过去的行业经验应付过去。

其实，我自己也知道，之前的所谓行业经验并不适用于面前这位客户的个性化需求。

尽管这次合作最终还是达成了，但当时会场上的尴尬气氛至今仍历历在目。

很显然，正是因为脑海中的惯性思维，让我觉得应对这种客户简直是小菜一碟，于是自缚手脚，甚至摒弃了思考。但其实让客户觉得我不够专业和真诚，才是致命的！

禁锢：
过分在意别人会禁锢自己

有的人太在意别人的看法，总想让周围的人都满意，宁可一个人夜深人静时内耗，也不愿让人看到自己脆弱的一面。

事实上，这种活法实在憋屈。因为在意别人，反而锁死自己，为了面子，很多人掩盖了自己真实的想法和合理需求。

之前的我也是这样的人。

总想让所有人都满意的人，要么是完美主义者，要么性格温和或者说懦弱。因为不愿承认自己的缺点，抑或是不愿承担责任，或为了避免冲突进而百般取悦他人，但这种委曲求全的做法不但容易失去自我，而且并不会真正得到别人的尊重。

（1）你为什么如此在意别人的看法？

人生在世，随时随地都会与人打交道，以便获得认同感和归属感。从社会学、心理学等多维度出发，很多人出于自身需要，在社交关系中会表现出过于在意别人看法的倾向。

造成这种现象的原因有很多，其中最主要的一点是缺乏自信心。当一个人没有足够的自信时，会自发地认为，要么是自己的能力不行，要么是自己的社会地位太低，要么是自己外貌不好，然后先在内心深处进行自贬，进而无意识地选择和接受别人的低评价和批评。

受传统想法和现实情况的影响，有些人会特别在意拥有更高地位和权力的人的看法，而且别人的意见和评价会对自己的想法和决策产生重大影响。

此外，心理学家认为，太在意别人的看法还与自尊心有关。自尊心是指个体对自己的价值、能力的主观评价和感受。每个人都渴望被认可、接纳、尊重和重视，因此很想在他人眼中树立一个完美无瑕的形象。

然而，让人失望的是，过于在意别人的看法，除了能得到一个"老好人"的称呼，可能并没有太多好处，甚至可能会经常被人肆意打击，反而得不到应有的尊重。

（2）为何极力讨好反而得不到别人尊重？

一个人如果太在意别人的看法，极力想讨好他人，可能反而得不到所期待的尊重。这个残酷的现实或许让人难以接受，但却是事实！

很多时候，我们期待的结果与真实情况是大相径庭的。因此，正视现实，打破认知局限，凡事不要想当然，实在是太重要了。

之所以讨好别人的做法得不到尊重，归根结底，是因为你没有搞懂人与人交往的核心在于价值互换，互利共赢。换句话说，如果你不能为别人带去价值，你再讨好都没用。古话说：穷在路边无人问，富在深山有远亲，就是这个道理。

说一个发生在我身上的真实案例。30年前，我在读初中时，家里实在太穷，连学费都成为负担，需要父母卖稻谷或其他农作物才能周转。当时，我想到县城报名参加一个活动，家里实在拿不出路费，于是跑去向一位那时工资高、福利待遇极好的亲戚借50元。为了借到这笔钱，我好话说尽，包括一些奉承亲戚的话，但最终还是被拒绝了。或许，在这位亲戚看来，我讨好他的目的就是借钱，但如果借给我50元，我们家可能在短期之内还不起，还不如不借。

无奈之下，我只能抹着眼泪回家。其实，这位亲戚不但这样对我，平时对待村里人或其他亲戚也是一样。在他看来,自己反正很"牛",不会有求于人。就算别人再讨好他,他也不会多看一眼。

令人唏嘘的是,多年后,这位亲戚因为某些事情陷入困顿时,还是找到我帮忙,而我也在力所能及的范围内给予了他帮助。所以,我一直认为,无论是对别人还是对自己,永远不卑不亢,既不卑微,也不跋扈,才是最好的姿态。

(3)让自己快乐的是内心的满足感

当你太在意甚至讨好别人,却得不到尊重时,是不是很失落?其实,更早知道真相,反而是好事。我想告诉你的是,让一个人真正快乐的是内心的满足感,而非别人的看法。

因此,一个人必须真正做回自己,树立正确的价值观和处世哲学,并且从多个方面去提升自己,努力让自己变得更强大,更受人尊重。具体的做法有如下几点。

首先，重新认识自己。很多人之所以太在意别人，是因为忽视了自己。只有先看到并重新认识自己，允许自己将情绪和需求真实地表达出来，同时对自己的优缺点进行综合、客观的评估，不自负，不自卑，一切从实际情况出发，才能让自己变得更好。

其次，接纳自己并与自己和解。所谓接纳自己，就是承认并正视自己的缺点，不掩盖，不回避。同时，了解和懂得扬长避短，充分发挥自己的长处和优点，敢于接纳不完美的自己，而不是经常陷入"我为什么这么差""我真是不行"等负面情绪而不能自拔。此外，要学会与自己和解，有些事情，做不到就是做不到，没必要硬撑。比如，你想成为一名歌手，但你的嗓子就是不适合唱歌，连基础条件都不具备，就算努力一辈子也难做好这件事。

最后，逐渐使自己强大。世界上没有完全相同的两片树叶，每个人都有自己的人生和活法。在了解自己的缺点和不足之后，绝不能无视它，也不能将其作为"躺平"的借口。正确的做法是，积极面对并且努力尝试去改变。

这些年来，我就是这样走过来的。我的智商并不高，上学时物理、化学等理科成绩也一向不好，明显不是天资聪颖的那类人。

本着"笨鸟先飞"的原则，很多不懂的东西，如果自己感兴趣并且认为很重要，我会想尽办法努力自学，包括炒股、写作、拍视频、直播等，都是在没有老师指导的情况下，主动牺牲了周末和晚上的休闲时间用于学习，尽管没有取得惊人的成就，但二十多年来写作上千万字，公开出版7本（套）图书，连续创业，还是让曾经看不起我的人对我刮目相看！

其实，之前的我和很多人一样，总想做一个完美的人，让身边的人都满意。当我发现自己确实做不到时，我干脆解除了"心魔"，打破了一直缠绕在心里的枷锁，让自己尽量过得快乐一点,将自己已有的潜力充分挖掘并开发到位。

请记住,要想更快乐,你必须做自己人生舞台的主角,而不是在别人的戏里做配角。

潜力：
挖掘潜力绝不是喊口号

相信大家对身边各种催人奋进的标语并不陌生，诸如：拼搏奋斗，大干快上，用汗水浇灌梦想；永不放弃，创造辉煌，永争第一；同心协力，所向披靡；赚钱靠大家，幸福你我他；等等。尤其是以业绩为导向的销售公司，口号更是霸气十足。

在日常生活中，为什么催人奋进的标语满天飞？很多人压根没有去思考过其背后的原因。事实上，这个有趣的现象，与我国几千年来的文化传统密切相关。

随处可见的标语，一是为了激发成员的潜力和内生动力，二是宣讲重要的政策，三是引导和教育民众。

通常来说，标语主要是一些文字简练、指向明确的口号。不可否认，在特殊的历史环境和条件下，这些带有鼓动倾向的口号能够产生积极作用。但在信息大爆炸时代，越来越多的人开始反感和排斥标语及口号。

（1）口号还有用吗？

无论是历史上，还是当下生活中，在重大政策出台或重大行动方案执行前后，喊口号、做动员、表决心已经成为惯例，而且会产生重要作用。

相信每一个人都有切身感受，在某些重大场合，当核心人物登高一呼，带领大家喊上几嗓子，下面的人立马精神抖擞，情绪被迅速拉到高点，一旦展开行动，很容易形成摧枯拉朽的战斗力。

如今，时过境迁，人们不禁要问：在新的环境下，口号还有用吗？

我个人认为，口号是否有用，要看具体情况。对于大型活动，标语或口号的激励作用还是很明显的。但对于个人成长而言，喊口号不仅没用，甚至可能会产生反作用。

2005年，我刚刚大学毕业没多久，认识了一个姓万的同学。小万当时很想出国，但他的英语很差。为了学好英语，他每天都要喊上几句口号，诸如"学好英语，走遍世界""英语真是好，全球到处跑"等，但这种亢奋的状态持续不到一个月，热情就开始衰减，两个月后，他干脆放弃了英语学习。我问他为什么要放弃，小万说：天天喊口号也没有用，我学不会，索性算了！

（2）挖掘潜力，关键是什么？

时代在变，社会经济高速发展，人们的思维方式在变，做事方法也必须改变，与时俱进极为重要。过去，在科技不发达、信息闭塞的年代，要想鼓劲打气、组织大型活动，挂标语喊口号的效果非常显著。如今，在移动互联时代，随着智能手机的普及和自媒体的盛行，人们了解资讯和学习知识变得极为便捷。激发和挖掘个人潜力，喊口号的做法不仅与时代脱节，甚至可能会产生反作用。

最近十年，我在不同单位带过的团队成员，基本是"90后"或"00后"，这些年轻人大多接受过高等教育，知识面广，很聪明，见过世面，普遍不喜欢被人教导如何做事。他们的自我意识极强，普遍反感密集开会，也讨厌各种"干瘪"的口号。

要想真正激发年轻人的潜力，关键是以结果为导向，同时辅以奖励。比如，如果你是单位或部门负责人，你可以告诉下属，先设定一个目标，通过哪些渠道可以学到知识，能够获得哪些成长，能够得到哪些奖励。换句话说，他们更喜欢实实在在的具体结果，而不是虚无缥缈的东西。

（3）如何做更好的自己？

人生在世，不过短短几十年，谁不想做更好的自己？然而，可悲的是，不少人只是想，但并没有找到提升自我的有效办法，更没有付诸行动。有的人甚至连思考这个问题都觉得麻烦，干脆浑浑噩噩混日子，被社会洪流裹挟着前行。

那么，如何做更好的自己呢？对此，我有三点建议。

第一，树立一个可行的目标。什么意思？就是我们设定的目标，最好是跳一跳就能够得到的那种，如果根本达不到，就是妄想，而非理想。一旦设定的目标太难达到，你很快就会失去动力，久而久之，你甚至会严重怀疑自己。比如，万达集团创始人王健林曾说，年轻人要先定一个小目标，先赚一个亿！对王健林来说，一个亿确实不难。但对于99%的普通人来说，这个"小"目标可能几辈子都实现不了。但是，如果你把某个时间段的收入目标定在10万元或者20万元呢？加把劲，想想办法是完全可以达到的。

第二，真正了解自己。这句话只有短短六个字，但大部分人穷其一生，其实都没有认真审视和了解过自己，包括自己的性格、爱好、长处和短板等。一旦你真正了解自己，就会清晰地知道"有所为，有所不为"的内涵，做事也就不会"东一榔头西一棒槌"，而是集中时间和精力，高效地做正确的和应该做的事情，放弃那些并不擅长和注定不会有结果的事情。懂得自己的人，也更容易获得快乐和幸福。

第三，提升专业能力。做更好的自己，归根结底是你足够厉害和强大，至少在一两个领域，你比别人懂得更多，更专业，解决问题的能力更强。因此，持续学习和精进，提升专业能力，成为行业专家或权威，自然容易赢得更多尊重，获得更多的发展机会，也更容易体会到人生的美好，而不必活在抱怨和自责之中。

引领：
与时代同行不如引领时代

在日常生活中，很多人习惯于故步自封，躺在过去的功劳簿上睡大觉，一味强调过去如何如何。殊不知，如今是一个快节奏的时代，不仅信息技术行业存在著名的摩尔定律❶，其他行业乃至整个社会发展、革新速度都在大大加快。

---

❶ 摩尔定律，是由英特尔创始人之一戈登·摩尔提出的一条著名的经验法则，用于描述集成电路技术的发展趋势。其核心内容是，当价格不变时，集成电路上可容纳的晶体管数量每隔18到24个月会增加一倍，从而使计算机的性能大约每两年翻一倍。同时，芯片的大小也会相应减小，而成本大致保持不变。摩尔定律不仅揭示了信息技术进步的速度，而且对半导体产业的研发、投产和发展规划产生了深远影响。

如果一个人的应变能力不够，内心不够强大，所思所想与时代脱节，跟不上时代发展的步伐，很有可能会被时代发展大潮所淘汰，焦虑感、不适感和无助感也会随之显现。

（1）与时代同行，很难吗？

我一直喜欢"与时代同行"这句话，并将其作为自己的座右铭。虽然只有短短的五个字，但力度足够。为了达到基本要求，我一直喜欢通过各种渠道和方式了解新事物、新思潮和新理论。

比如，美国人工智能研究实验室 OpenAI 研发的聊天机器人程序 ChatGPT（Chat Generative Pre-trained Transformer）于 2022 年 11 月 30 日发布之后，没多久，我就从网络上获知了最新动态，并且立即向一位研究人工智能的博士朋友了解 ChatGPT 的原理、强大功能和应用场景。作为人工智能与自然语言处理等技术的有机融合，ChatGPT 通过连接大量的语言资料来生成回答，可以像人类一样与用户聊天交流，甚至还能撰写论文、商业文案等。虽然ChatGPT尚未在国内提供服务，但提前了解和熟悉这种新生事物，能够帮助我们及时更新信息，跟踪全球最新发展趋势，努力做到与时代同步。正是因为对ChatGPT有了一定的了解，我很快熟悉和使用了国内类似的产品，如百度的文心一言、阿里的通义千问等。

2024年"五一"小长假期间，我受邀参加了一场关于AI商业应用的论坛。在活动现场，我与几位行业专家深入讨论了AI在写作和出版行业中的使用技巧和巨大作用。散会后，一些听众围着我，继续咨询一些关于AI写作的实战方法和注意事项。

肯定会有人问：自己天生慵懒，要做到与时代同行，是不是很难？

事实上，与时代同行并不难，而真正厉害的人，是更进一步，引领时代。

（2）如何做到与时代同行？

与时代同行，其实没有想象的那么难，只需做到如下几点。

一是保持旺盛的学习力。有句话叫"活到老，学到老"，持续学习的重要性不言而喻。尤其是在当下，不学习、不思考、不进取，无异于放弃了自我提升的机会。

二是主动拥抱新生事物。很多三四十岁的中年人整天一副老气横秋的样子，"两耳不闻窗外事"，年龄不大，思维却已经严重老化，与时代格格不入。要想改变这种状态，必须主动拥抱新生事物。

三是积极跨界合作。一些人之所以与时代脱节，主要是因为总觉得自己已经很牛了，没有必要向其他人取经。再有就是，反正自己不会转换赛道，不想花时间和精力去学习其他行业或领域的知识。在此，我必须郑重提醒大家，这种想法是十分"危险"的。在信息大爆炸时代，一个人要想取得更大的成功，必须学会跨界合作，向不同行业的人学习新知识和新技巧，并为自己所用。至于说不会转换赛道，很多时候，职业变化是不以个人意志为转移的。

我有一个初中同学，性格较为固执，从不主动学习新东西，以至于生活艰难。之前，在汽车很少的年代，他在老家的两个乡镇之间通过赶马车拉客人，赚了一些钱。后来，随着小汽车进入平常百姓家，他的生意一落千丈。家人和朋友劝他去学一门新技术，比如考个驾照，哪怕改行开挖掘机，前景也不错，但他死活不愿意考驾照。如今，村里的人几乎每家每户都有小汽车，上街赶场办事很方便，而我这个同学宁肯走几公里山路也不愿意考驾照，真是让人哭笑不得。

（3）引领时代才是真正的王者

大家是否注意到一个现象，人在刚出生时，普通人家的孩子几乎看不出太大差别，但随着年龄的增长，尤其是进入社会几年之后，人与人之间的差距逐步拉大。这种差距表现在多方面，包括收入、岗位、地位、谈吐等。

为什么会这样？在我看来，虽然背后的原因很多，既有客观原因，也有主观原因，但归根结底还是个人的认知问题。简单来说，如果你是一个故步自封、不思进取的人，大概率会成为生活中的抱怨者和失败者；如果你是一个积极进取、爱学习的人，则会成为与时代同行的人，个人的发展不会差到哪里去；如果你是一个有前瞻眼光、懂得规划未来的人，你有可能会成为同龄人中的佼佼者，甚至是引领时代的人。

事实上，一家企业要想发展壮大，也要把握时代的脉搏。比如华为公司，创业初期，因为找不到赚钱的门道，任正非卖过火灾报警器，但在任正非的骨子里，始终有一股不服输的干劲。此外，他的眼界和大格局，吸引了全世界无数科学家和顶尖技术专家，他们一同奋斗。带领着华为逐步成长为闻名全球的跨国公司。让人敬佩的是，在欧美国家疯狂的围堵打压之下，华为掌握着全世界最多的5G专利，引领了全球通信技术的发展潮流。

客观来说，作为普通人，引流时代并非人人可以做到的，成就一番大事业，需要天时、地利、人和，缺一不可。但是，我们不能因为道阻且长，可能遭遇重重困难，就踯躅不前，甚至选择主动"缴械投降"。我认为，在综合评估的基础上，设定一个可行的目标，脚踏实地，勇于创新，朝着一个既定目标持续冲锋，或许有一天，你会发现，自己已经悄然站上时代潮头，成为受人尊敬的人。

当然，这里所说的受人尊敬的人，并不是要做多大的官，成为学富五车的大教授、富可敌国的大老板，或是闻名遐迩的跨国企业家。作为普通人，只要你能够充分挖掘和发挥出自己的潜能，在某个领域有所成就，对社会和他人有所贡献，得到人们的认可和尊重，你就是了不起的成功者。

第二章

破圈升级：
最优方法提升效率

很多人喜欢抱怨，怨怼满怀，习惯于哀叹命运不公和时运不济，但从来不愿或不敢去思考自己为何一直处于底层。到底是努力不够，还是懒惰成性，抑或是做事效率太低？其实，真正强大的人做事是有方法的，而且有些事情是马上可以做的，比如读书和写作。一旦你弄清楚了做人和做事的底层逻辑，高效地提升自己，让自己保持强大的战斗力，破圈升级并非难事，成为让人敬佩的牛人也是完全可以做到的。

时间：
时间像海绵里的水，你得使劲挤

大家是不是有一种感觉，自己每天都在忙碌，疲于奔命，但令人尴尬的是，每到年终总结时，却发现无论是工作、学习还是财富积累等各个方面，都没有什么可圈可点的成绩，更别说让自己觉得自豪，可以拿来"吹牛"的亮眼业绩了。

为什么会这样？有的人可能会找出一堆五花八门的理由，诸如实在是太忙了、时间不够了、被其他事耽误了等。其实，这些都是苍白无力的借口。

（1）你是真的没时间吗？

大文豪鲁迅有句名言：时间，就像海绵里的水，只要愿挤，总是有的。

可悲的是，人都有惰性。99%的人，包括我本人，之所以成不了牛人，不是不够聪明，而是太懒，总喜欢给自己的不作为寻找漂亮的借口。

事实上，大多数人之所以碌碌无为，并不是真的没有时间，而是不愿行动，宁愿躺在舒适区，有些人或者已经行动，但效率极其低下。

最近几年，随着我写作出版的书越来越多，读者和粉丝也不断增多。有时，一些高校或企业会邀请我去做讲座。在此过程中，我发现了一个很不好的现象：面对面交流时，大家比较积极，互动的气氛也很热烈。每次活动结束后，针对那些想学习写作的人，我会布置一些具体的小任务，比如要求在多长时间内必须交给我一篇练习作品，然后我会提出修改意见。

让人哭笑不得的是，经常是截稿时间过去了几天，绝大多数人都不交稿。问及原因，大家的回答出奇一致：哎呀，姚老师，最近太忙了，还没写呢！

我当然知道，大家远远没有忙到宵衣旰食的地步，而写作一篇难度不大的千字文，正常情况下只需要 30 分钟到 60 分钟，但大部分人却无法保质保量完成，问题还是出在个人身上，并非能力不足。换句话说，大家宁愿把时间花在刷视频、喝茶或发呆上，也不想去做要动点脑筋的事情。试问一下，这种做事态度，如何让自己变得更强大呢？

（2）正确认识时间

如果说世上最公平的东西，非时间莫属。每个人的时间，都是每天 24 小时、1440 分钟和 86400 秒。不管是高管还是囚犯，富豪还是穷人，概莫能外。但是，虽然拥有同样的时间，人们的人生境况却大相径庭。

在此，我郑重提出一个发人深省的问题：你做到正确认识时间了吗？

时间是一个较为抽象的概念，是物质的运动、变化的持续性和顺序性的表现。时间具有无色无味、无法积蓄、无法复制、无法取代、无法失而复得等显著特点。所谓无法积蓄，就是时间不像金钱、物资等可以暂时放置起来，等有需要时再拿出来使用。不论你愿不愿意，时间一直不停地流逝。

正是因为以上几大特点，绝大多数人并没有真正认识时间，充其量只是把时间看作一个物理量。事实上，时间是一个多维度的概念，包含着很多重要但不为常人注意的秘密。

一是时间的价值。时间无人管理，无须购买，没有任何成本，和空气一样无处不在，使用时也没有任何限制。正是因为来得太容易，人们会在不知不觉中浪费时间。不过，在睿智的人看来，时间是一种宝贵的资源，如果没有时间，人就无法感知生命的存在，也体会不到快乐和痛苦，生命自然也就失去了意义。

二是时间的态度。众所周知，每个人的性格不同、能力不同、做事的方法不同，得到的结果和反馈也有所不同。其实，时间也是有态度的。你懂得时间的珍贵，尊重和爱惜时间，时间就会给你积极和丰厚的回报。反之，你无视时间的存在，浪费时间，唾弃时间，弃之如敝屣，时间也会对你施加负能量，你收获的只有悔恨和懊恼。

三是时间的能量。所谓水滴石穿，看似水在发挥作用，实则是时间在悄然发力。如果你想实现一个目标，只要是在正确的道路上持续努力，经过一定的时间积累，你就会一步一步到达成功的彼岸。人们常说的从量变到质变，其实折射出来的恰恰是时间的威力。

（3）再狠一点，把时间的价值榨干

正确理解了时间的价值，下一步怎么做，就变得简单了：不必客气，再使点劲，对时间狠一点，把时间的价值榨干。

要想真正提升自己，你得打破传统认知，把时间紧紧抓住，不让它白白溜走，而且还要用好每一分每一秒。时间绝对是伟大的、无私的，你利用得越充分，它回馈给你的就越多。

日常生活中，一些人总喜欢抱怨时间不够，一天到晚瞎忙，做一些没有意义的事情；另一些人宁愿"躺平摆烂"，无所事事，在浑浑噩噩中浪费着无比珍贵的时间。

在我看来，此刻你要做的，是停止毫无意义的抱怨，设定一个可行的目标，调动和利用一切可以利用的资源，把有限的时间用在正确的事情上，然后向着目标一步一步靠近。任何目标，无论大小，唯有高效和坚决的行动才能达到，坐

而论道只会白白浪费时间，空留遗憾和悔恨。

如果你刚好有缘看到这本书，请抛掉思想的包袱，立即行动起来！我相信，只要你下定决心，提高效率，排除干扰，减少内耗，持之以恒，假以时日，你的目标大概率都能实现。

效率：
你为何一直效率低下

效率是一个让人感到"痛苦"的词！

何出此言？这是因为明明大家都在努力干活，但每个人得到的结果却大不一样。有的人业绩喜人，成长迅速，而有的人则原地打转，看不到明显进步。不是说天才很少，大家的智力水平差不多吗？为什么差距那么大呢？

其实，这件事没有那么复杂，背后的秘密就两个字——效率。

（1）你只是假装很努力

从定义上来说，效率是指在既定的资源、技术和条件下，通过最优资源配置来最大化满足目标和需求的能力。简而言之，效率也可以被理解为单位时间内完成的工作量，或者劳动效果与劳动量之比。更直白地说，在现实生活中，如果做一件事情用时最少，同时取得的效果最好，那么我们就可以说这件事情的完成效率很高。

为什么大家的智力水平差不多，但人生的际遇差距却很大？关键就在于做事效率。有的人可能只是假装很努力。

之前有个姓高的女同事，从表面上来看，绝对是团队中最努力的一个。几乎每天到岗最早，下班最晚，但工作成绩反而是最差的。

对此，我感到有些奇怪。一天，我想了解真实情况到底是怎么一回事，就把高小姐请到办公室进行深度交流，想帮她找到工作效率低下的原因，然后改进提升。

据高女士自己介绍，她每天到公司的工作时间安排是：

先把自己办公桌上养的花花草草打理一番，接着打开电脑，看一会娱乐新闻，再开始工作。中途，去一下卫生间，顺便补一下妆，回来继续工作，中午 11:30，开始在手机上刷美团、饿了么等软件，看看中午吃什么。吃过午饭之后，会休息一会儿，下午 1:30，看看股票行情，2:00 继续工作，中途出去给朋友打打电话聊聊天，回到工位差不多下午 5 点左右。想到马上要下班了，然后把手里的活赶紧排一排开始做，下班时间一到，看着同事一个个离开，她才想起自己的工作仍未完成，于是只能逼着自己加班。她每天的工作流程差不多都是如此，周而复始。

从高女士的时间安排来看，其工作效率之所以低下，是因为她几乎把宝贵的时间都浪费在了工作之外的事情上，说句不好听的，虽然经常加班，但只是看起来很努力！

（2）效率低下的罪魁祸首到底是什么？

一个人做事的效率较低，原因有很多，既有客观原因，也有主观原因。总结起来，大致有五点。不妨逐一对照，看看你到底占了几条。

一是自控力差。就是一个人在面对一些突发事件、感情问题、金钱、权力等干扰或诱惑时，没法进行有效抵制，多半采取听之任之的态度。

二是不懂时间管理。前面提到，时间是最公平的，任何人每天都只有 24 小时。但我们每天都会面对各种事情，有时还有突发情况，如果不对时间进行统筹管理，对事情的轻重缓急进行归类处理，眉毛胡子一把抓，最终的结果肯定是乱作一团糟，不但重要的事情处理不好，还会觉得自己比任何人都忙。

三是工作方法存在问题。假设 A 和 B 同时洗 100 个碗，在工作条件完全相同的情况下，A 可以在半小时内把所有的碗洗得干干净净，而 B 却要花 40 分钟，这就说明 B 的洗碗程序存在问题。至于是先洗碗的里面还是外面，以及想要擦洗多少次才能洗干净，就需要B不断总结、学习和改进，提升工作效率。

四是缺乏责任心。很多人做事喜欢磨洋工，得过且过，一副无所谓的态度，此类表现属于典型的责任心缺乏。没有责任心的人，其工作质量和处理结果可想而知。

五是没有敬畏之心。如果一个人对时间、工作，甚至对自己都缺乏敬畏之心，势必会存在慵懒、拖沓、散漫、无所谓等行为，做事的效率自然是很低的。

（3）高效率人生的6种做法

在快节奏的时代，相信很多人都在为自己效率低下而感到烦恼不已，也很想去改变，让自己变得更好，但就是不知道怎么办才好。别急，我给大家分享6种高效率人生的有效做法。

第一，学会规划时间。每个人的时间都是一样的，懂得科学规划时间的人，可以在有限的时间内做更多的事情，工作、娱乐和休息都没有耽误。不懂科学规划时间的人，随时都在忙碌，却看不到太好的成效，其人生也缺少色彩和亮点。

第二，拥抱新科技。如今，科技的发展一日千里。除少数特殊领域外，大部分行业都可以进行数字化和智能化改造。善于学习和借助最新科技的力量，可以让工作效率大大提升。比如，写作一篇 1000 字的工作总结，很多不善于写作的人就算绞尽脑汁，咬断笔杆，折腾一天也写不出来，如果利用 AI 生成初稿，再结合自己的工作情况进行细节增补和修改，半小时就能解决。两相对比，哪一种效率更高，不言而喻。

第三，提升专注力。做事效率低的人，大多数专注力很差，做事也缺乏逻辑性和条理性。要想提升专注力，可以进行适当的体育锻炼，静坐冥想，还可以多阅读或学习写作、绘画等，都是不错的办法。

第四，培养兴趣爱好。很多人感觉做什么都没劲，总是无精打采的样子，归根结底是没有任何兴趣爱好，其实这样的人生太无趣了。对此，我建议多尝试一些不同的项目，一旦找到和培养出一两个兴趣爱好，你会发现人生是如此丰富多彩。在工作不忙的时候，每逢周末，我喜欢开车去野外垂钓，或邀上三五好友，或独自一人前往，能够钓到多少鱼倒是小事，主要是可以感受大自然的美好，暂时忘却人生的烦恼，让身心放松下来，这样反而可以提升工作时的效率。

第五，随时反思。很多人终日忙碌，但成效不佳，其中一个重要原因就是一直被各种事情推着走，没有停下来认真思考或反思。古话说，磨刀不误砍柴工。换言之，如果在做一些事情之前多想一想怎么做，效率会更高，远比匆忙赶鸭子上架好得多。所谓慢即是快，就是这个道理。更为重要的是，随时反思，不断修正，可以降低犯错的概率，为获得成功提供保障。

第六，增强自信心。有时，我们做一件事拖拖拉拉，总是无法完成，关键是自信心不足，遇到困难了，碍于面子不愿向人请教。对于这种情况，建议进行心理建设，增强自信心，同时积极与人沟通，提升解决复杂问题的能力，让自己的做事方法更高效。

努力：
如果说努力无用，你肯定不同意

最近几年，与不同行业的企业老板交流，大家经常说到一句话：现在努力真是无用！

什么，努力无用？这不可能！

从小到大，我们都会被无数次教导：你可要努力啊，要是不努力，长大就找不到好工作了。爱迪生也曾经说过，天才是1%的灵感加上99%的汗水。由此可见，努力有多么重要。

如果说努力无用，肯定有很多人不同意。但在各行各业内卷如此严重的当下，无数残酷的事实告诉我们：有时，努力真的可能无用。

（1）名言还管用吗？

千百年来，名人名言一直是指引人们奋勇前进的精神武器。通常来说，这些由卓越贡献者、智者提炼并广泛传播的箴言，往往蕴含着深邃的哲理，既能激发斗志，亦能启迪心灵，闪烁着跨越时代的智慧光芒。

尤其是那些跨越世纪的名人，他们的见解和言论，是基于对人性和社会的深刻洞察，历经了岁月的洗礼和无数实践的检验，显得尤为珍贵。但我们也要认识到，时空环境在不断变化，昔日之真理，置于今日之语境，其适用性可能存在局限。

英国文学巨匠狄更斯有句名言"坚持就是胜利"。在资源匮乏、科技不发达的时代，普通人只要几十年如一日，持之以恒，终能成大器。但是，在大数据、5G、人工智能、自媒体等新科技、新业态层出不穷的今天，另一句流传甚广的名言"方向不对，努力白费"则更加振聋发聩。它提醒我们，在追求梦想的道路上，选择正确的方向比盲目坚持更重要，一旦方向错误，你越努力，代表你在错误的路上越走越远，损失也越大。

这种关于"努力"的辩证思考，恰恰展示了不同时代背景下观念与结果的微妙差异，引人深思。

因此，在新的时代，我们对待名人名言，应持有一份审慎和理性，既要汲取其智慧精髓，又要结合当前社会实际和自身情况。

（2）努力的真正含义

既然说名人名言放在当下的时空环境不一定适合，是不是意味着努力就不重要了呢？

答案是否定的！

我想强调的是，"努力"只有两个字，但你必须搞懂其真正含义。

说得直白一点，按照不同的标准，可以将努力分为真努力和假努力。所谓真努力，就是一个人做事时，是用心去做，带着思考和想法去做，效率也极高，成效自然非常明显。假努力则不同，只是看起来很努力，其实做事不用心，敷衍了事，这种努力属于伪努力，成效也是很差的。

2013年，我在一家公司任副总。我分管的部门有两个年龄相仿的员工，一位姓孟，一位姓马，两人都是本科毕业，起点差不多，二人做事分别属于典型的真努力和假努力。

孟同学毕业于一所普通高校，踏实肯干，认认真真，工作努力的程度让人颇为钦佩。每次交给他的工作任务，基本都能在规定时间内保质保量完成。观察了一段时间，我发现孟同学有个特点，就是特别爱学习。我曾经在单位附近的一家书店偶遇过他几次，遇到他时，他都是带着纸和笔，一边阅读，一边认真做笔记。

马同学毕业于一所"211工程"高校，智商和情商都很高，但做事浮躁，特别爱在领导面前做表面工作，基本上把宝贵的时间都花在了搞人际关系上，解决问题的能力反而不如一些专科生。

一次，我安排孟同学和马同学去拜访客户。一天下来，孟同学拿回了3家客户的资料，将拜访3家客户的交流情况如实汇报，并且还对潜在客户进行了分析，提出了自己的研判意见。与此同时，提前回来的马同学说，当天拜访了4家客户，但除了拿回客户的一些宣传资料外，没有带回来更多有价值的信息。

很显然，孟同学是真努力，而马同学则是伪努力。正是因为对努力的理解不同，贯彻执行的力度不同，二人拿到的结果自然也是完全不同的。几个月之后，我将孟同学推荐为部门主管，收入翻倍，而自认为聪明的马同学只能继续做普通员工。

（3）有效率的努力更有价值

行文至此，相信大家已经看出了问题。努力当然重要，如果没有努力作为必备条件，只是"躺平摆烂"，再聪明的人也只能是一事无成。但你必须懂得，有效率的努力更具价值。

那么，如何让努力更有价值呢？建议你做好如下几点。

一是向牛人学习。所谓牛人，就是在某些方面能力非常强的人。牛人可以是行业专家、长辈或领导，也可以是同事、朋友或陌生人。你应当秉持谦虚求知的精神，以虚心请教的姿态不断学习进步。随着时间的推移，当你从100人乃至500人那里学到不同的知识时，你就会越来越强大。

二是优化学习方法。大家应该都有一个体会，身边的一些同学吃喝玩乐样样都没有落下，并没有天天挑灯夜读，但每次考试也都是名列前茅。其实，这些同学也不是天才，智商和别人相差无几，之所以逢考必赢，主要是掌握了高效的学习方法。作为职场人和社会人，要想在激烈的竞争中立于不败之地，最好要找到适合自己的学习方法并随时优化，让自己的综合素质得到实实在在的提升。

三是为自己而活。很多人之所以在无意识之中做着假努力，是因为总觉得工作是做给领导看的，有时做做样子就好，反正一到发薪日，工资也不会少，没必要搞得那么紧张。殊不知，这种错误认知只会影响自己的成长速度。要想让努力变得更有价值，你得改变思维，真正为自己而活。一旦底层思维转变了，再配合强有力的行动，结果就会大不一样。

状态：
状态不好的背后藏着哪些秘密

2023 年，我的状态很不好，完全可以用"度日如年"来形容。

从身体方面来说，痛风的老毛病隔三岔五复发，连续三个月没法正常上班，只能在家办公。与此同时，体检时还查出了血糖问题，需要每天吃 4 种药。回想自己年轻时，感冒都很少，大冬天还要开风扇，一些老同事经常开玩笑说，我的身体简直就是火炉。

因为身体出了毛病，我的心情也比较糟糕。雪上加霜的是，公司业务也面临困难，我爱人又计划在成都买房，各种压力排山倒海而来，经常整夜失眠。有段时间，我甚至担心，再这样下去，会不会抑郁？

幸运的是，我把自己从危险的边缘拉了回来。一方面，换了几家医院之后，终于碰上了一位成都市第二人民医院的老专家，痛风问题得到了有效缓解。另一方面，我不断暗示自己，眼前的困难和烦恼肯定会得到解决，好日子快要到了。到了 2023 年年底，各方面的情况都在向好的方向发展，我的身体和精神状态也恢复了七八成。很多朋友见面就说，感觉我像换了一个人似的。

（1）你的状态是好是坏？

无疑，人人都想拥有很好的状态：身体好，精神足，做事效率高。但奇妙的是，状态这个东西似乎很缥缈，而且极不稳定，本身也没有标准，更多是一种感觉和体验。而且，状态的好与坏，与一个人的身体、外部环境、心态甚至运气等多个方面密切相关。

此时的你，状态是好还是坏呢？

如果你的状态很好，要特别恭喜你，希望你继续保持！

如果你的状态很差，也不要着急，请继续往下看，相信你会豁然开朗。

老张是一家公司的技术骨干，工作能力比较强，每年都是优秀员工，公司老板已经多次暗示，等技术部门的负责人老李退休后，老张就接替老李的位置。

但是，老张因为有一次状态不好，痛失了这个升职加薪的大好机会，也使公司蒙受了较大损失。一天早上，老张原本心情不错，起得很早，还开开心心地吃了早餐。因为公司老总指定由他陪同去签一个大项目，他主要负责讲解技术部分的解决方案，相当于他和老总两个人相互配合。穿西装时，老张发现一颗扣子掉了，他一下子就恼火了，又因其他琐事与老婆拌起了嘴。

老张一看时间来不及了，赶紧拿起公文包就开车出门。上班时间堵车严重，老张很是焦急，不停地按喇叭。

行至半途，前车司机被老张的喇叭声激怒了，索性一脚刹车，跳下车准备去理论，老张急忙道歉，等他终于把前车司机安抚下来，再急匆匆赶到客户那里时，人家早已不见踪影。

原来，因为连续遇到烦心事，老张的手机一直是静音，公司老总给他打了5个电话，他一次都没接到，而他足足迟到了一个小时，客户急着出差，已经赶飞机离开了。就这样，公司价值千万的项目合同没有签成。

回到公司，老张马上向老总道歉，但公司的巨大损失已经发生，老总表面说没事，不用往心里去，但这件事发生之后，老张升职的事情也就不了了之了。

（2）尽全力掌控你能掌控的事情

美国社会心理学家费斯汀格有一个著名论断：生活中10%的事是由发生在你身上的事情组成，而另外的90%则是由你对所发生的事情如何反应所决定。换言之，生活中有10%的事情我们无法掌控，而另外的90%是我们能掌控的。

试想一下，如果老张能够控制住情绪，早上在家心平气和，不与老婆争执，他也不会在急急忙忙之中与前车司机发生冲突，更不会迟到，公司领导特地给的升职机会就不会错过。也就是说，西装的扣子掉了，只占整个事情的10%，但老张没有控制好情绪，反而把后面90%的事情搞砸了。或者说，既然扣子掉了这件事已经发生，但只占10%，如果老张以积极的心态去应对，不去纠结也不与妻子争吵，而是立马换一件衣服出门，那么后面90%的事情就不会变差，而是向着好的方向发展。

是的，你可能已经发现了，很多事情，一环扣一环，一个环节处理不好，就会带来一系列连锁反应。想让自己变得更好，就尽力保持好的状态，掌控自己能掌控的事情。

（3）不要对家人大喊大叫

除了倒霉的老张，大家有没有注意到，很多时候，我们自己也喜欢对家人大喊大叫，出言不逊，而对同事、客户、朋友却是毕恭毕敬，判若两人。

其实背后的原因并不复杂。因为外人和你没有血缘关系，也不会朝夕相处，最多有一点利益牵扯，人家自然不会容忍你的坏脾气，所以你会很小心地处理这种关系，哪怕是出于无奈需要伪装自己，也会尽力忍让。而家人有亲情，会忍让，会顾及你的感受和面子，因此，无论是心情不好、表达不满，还是希望引起对方重视，你在表达情绪时很容易直来直去，不会考虑太多，甚至还会肆无忌惮。

需要提醒的是，一个人要想保持好的人生状态，除了保持健康的生活方式之外，你还要主动拥抱新生事物，保持良好心态，最重要的一点是你得尊重家人并珍惜家人对你的包容和爱。因此，我建议从现在起，停止对家人大喊大叫，请保持平和的说话方式，学会换位思考，懂得感恩，遇事冷静，不说狠话。当你懂得善待家人，多一些理解和关爱，家人对你的支持也会越大，你的好运也快要到了。

气场：
牛人的气场来自哪里

大部分人都是普通人，但在普通人中，总有那么一些人气质与别人就是不一样，气场也很强大。你和他哪怕只是对视一眼，就会被对方镇住或者是深深吸引。

根据我的长期观察，气场强大的人基本上都是牛人，在某些方面有过人之处。

肯定有很多人很想知道，到底什么是牛人，他们都有哪些特征？牛人是如何炼成的？牛人的底气何在？

（1）牛人都有哪些特征？

几年前，在一场线下活动中，我有幸结识了一位气场十足的牛人，此人姓高。别看高先生年纪不大，不过30多岁，但他的举手投足都给人一种很有派头、很有范的感觉。那种感觉比较特别，并不是说他穿着打扮很时尚，说话口气很大，恰恰相反，这些都没有。但他能够轻易吸引全场所有人的关注，在整场活动中一直占据主导地位，成为焦点人物。换句话说，此人从内至外散发出一种强大的力量。

所谓牛人，在当前的语境中，通常指极为优秀或很厉害的人。经过多年的观察，我发现气场强大的人，通常具有如下几个特征中的三个以上。

一是淡定从容。无论是身处顺境还是逆境，牛人都能保持淡定从容、荣辱不惊的姿态。至少从外表来看，旁人看不出其情感变化，猜不透他的所思所想。

二是自信大气。牛人基本是在一两个领域颇有建树的人，或为顶级专家，或为资深从业者，因为熟悉行业，经验丰富，对行业钻研很深，就会显得自信大气。即便遇到困难，也能够做到理性应对，并从容找到解决问题的办法。

三是高瞻远瞩。随着年龄的增长和阅历增加，牛人看事情的眼光与众不同，通常视野广阔，目光长远，不会轻易被眼前的事情遮蔽，能够拨开迷雾看本质，先人一步发现和把握机会。

四是富有责任感。能力很强的牛人不会争功诿过，而是敢于主动承担责任，勇于承认错误，懂得从失败中吸取教训，不断取得成功。

五是不卑不亢。牛人为人处世懂得把握分寸和界限，在强者面前不会卑微屈膝，在弱者面前亦谦虚谨慎，与之相处，如沐春风。

六是说到做到。牛人也不是万能的，但他不会随便承诺，一旦说出来的话，都会想方设法做到，秉持言而有信的处世原则，永远值得信赖。

七是爱惜"羽毛"。真正的牛人懂得自己拥有的一切来之不易，因此特别爱惜自己的"羽毛"，不会随便去碰触违背公序良俗和违法乱纪的事。

八是极富爱心。牛人在很多场合是天生的领导者和主心骨，他极富爱心，愿意提携和帮助新人，没什么阶层和等级观念，而且还会做善事，是热心公益的慈善人士。

（2）牛人是如何炼成的？

自从前几年结识了高先生，我也期待有朝一日能成为像高先生一样受别人尊敬的牛人。我和高先生进行过数次深度交流，我还默默对他的思维方式和工作方法等进行了深入研究，总算找到牛人的炼成秘诀。总结起来，大致有三个方面。

第一，设立和严格执行阶段性目标。相信大家都有过这样一种经历，就是从小都被老师或父母鼓励，要设定一个远大的目标，诸如长大了要当飞行员、法官、数学家、科学家等，可谓五花八门，不一而足。但是，等长大了之后，我们会尴尬地发现，对于当初设定的目标，真正实现的人可能不到1%。

其实，大的目标是由一个一个小目标组合而成的，只有把小的目标完成了，才能逐步接近和实现大目标。比如，你的大目标是成为受人敬佩的企业家。很显然，你根本无法一步到位，一些步骤必不可少。首先，你得不断寻找商机，创办企业，招聘优秀的员工，用心经营。其次，你得依法纳税，为客户和消费者提供质优的产品或服务，在激烈的市场竞争中生存下来。最好，你得用赚到的利润扩大再生产，再招聘更多的人，为社会做出更大的贡献。这些步骤就是一个一个的小目标，你只有先实现这些小目标，才能最终实现大目标。

牛人的做法是，从不好高骛远，而是选择设立和严格执行阶段性目标，并向着大目标坚定迈进。

第二，成为行业顶级专家。要想在竞争激烈的市场中占据先机，受人尊敬，除了品德高尚，友善待人，你必须努力将自己打造成行业顶级专家，成为权威人物和难以替代的专业人士。

第三，坚持长期主义。除开极个别的天才，大部分人的智商相差无几，因此要想成为牛人，你得坚持长期主义，用心做事，不断提高做事的效率，尽可能在短的时间内逐渐实现目标。

（3）牛人的底气何在？

肯定有人会说，一个人最大的底气来自雄厚的经济实力。不可否认，钱的作用是巨大的。有句话说得好：钱壮怂人胆。但光有钱其实是不够的。而且，部分有钱人一副目中无人的做派，惹人生厌，自然也就谈不上受人尊崇了。

其实，牛人的底气来自三个方面：一是发自内心的自信。有的人就算暂时没钱，但依然会呈现出一种强大的气场。这种人有足够的自信，没钱也只是暂时的，假以时日，他赚到比身边人多得多的钱并非难事。二是可贵的自尊。爱自己，存善念，有自尊的人更容易赢得别人的认可、喜欢和尊重。三是超强的洞见力。学习专家、《洞见力：比别人看得更准、做得更好》一书的作者赵海民老师曾说过，洞见力是认识事物或看问题时透过表象深入体察其本质或底层规律的一种能力。洞见力由本质力、远见力和创新力构成。当一个人拥有洞见力时，他比一般人看得更深入、更准确，也会做得更好，当然也就更有底气。

强者：
做最强的自己是有方法的

人生在世，不过短短几十年，每个人都希望活得精彩，活出自己的价值，做一个强大的人。然而，现实很残酷，很多人非但不是强者，反而沦为自怨自艾的弱者，牢骚满腹，也没有做出让自己自豪的事情。

既然现实如此残酷，难道我们就这样轻易接受命运的摆布，不进行有力的抗争，努力掌控自己的人生大局吗？当然不行！我相信，读到本书的你，肯定不会答应。

事实上，做最强的自己，是有方法的，只是你还不知道。

（1）弱者还是强者，哪一个是现在的你？

在现实生活中，因为性格、家庭背景、从事行业不同，每一个人的发展道路和人生际遇自然各不相同。其中，有部分人各方面都很优秀，事业成功，家庭幸福，是别人眼中的强者和羡慕的对象。而另一部分人，似乎做什么都不顺，要事业没事业，要钱没钱，经常在职场上受到领导批评和同事排挤，回到家还会受到家人的责难，在社交场合更是一个被人遗忘的角色。

那么，哪一个是现在的你呢？

如果你已经是强者，那么恭喜你，但务必戒骄戒躁，继续让自己变得更好。如果你是弱者，也不用气馁和沮丧。请从现在起，调整心态，卸掉思想包袱，停止无休止的抱怨，立即行动起来，结合自身的实际情况，科学设定奋斗目标，制订行动计划，做一个全新的、让自己满意的人。你需要明白，你并不比别人差，只要真正动起来，找到高效做事的方法，一切还来得及，改变是必然的。

（2）改变从心开始

我的一位忠实粉丝，姓张。我们是通过面试认识的，他当时来公司应聘编辑岗位，虽然因为各种原因，我们没能成为同事，但小张特别喜欢看我写的东西，加上微信后，我们经常在线上交流，偶尔还约着一起吃饭。

小张来自西部某省的一个小镇，家庭经济条件较差，5岁时父母就离婚了，他和爷爷奶奶在一起生活。父亲常年在沿海打工，一两年才回家一趟。小张从小就缺少家庭的温暖，在学校也经常被同学欺负。后来，他勉强上了一所普通的大学，毕业之后，找工作也不顺利。

一路走来，小张深切体会到了社会现实和人间冷暖。有一次，说到自己的成长往事时，我瞥见了他眼中的泪花。

其实，我特别能体会小张的处境。和他一样，我也是来自农村，家庭经济条件也比较差，从小学到高中，我的学费很少能够按时缴足，曾经多次被老师公开在课堂上催缴过学费。那种众目睽睽之下的羞愧感，对于十几岁的孩子来说，是一辈子都忘不了的。

为了改变这种状态，我坚决选择了向命运说"不"。在别人休息玩耍的时候，我把时间用来学习，然后不断尝试新的东西。经过20多年的不懈努力，我有了自己的作品，在圈内有了一定的知名度，个人创作出版了7本（套）书，也帮助不少人实现了作家梦。这些年来，我做过媒体记者，做过公司副总，开过公司，也吸引了一些粉丝，身边一些人将我看作是励志人物……我很清楚，自己离强者还有不小的距离，但可以肯定的是，自己早已摆脱了弱者心理。

小张刚认识我时，就有典型的弱者心理。在心理学上，有个词叫弱者心态，或者叫弱者心理，就是一个人总感觉自己是弱者，需要被别人体谅和关心，做事缺乏自信，并且容易将错误归罪于别人，喜欢抱怨和丑化自己的竞争对手，很少从自身找原因并进行改变。

在了解到小张的成长背景和路径之后，我给他提了一个建议：从心改变！

什么意思呢？因为一旦被弱者心理所束缚，就容易表现出极度自卑和缺乏自信。

小张得到我的鼓励之后，在三个方面做出了改变：一是停止抱怨；二是发掘自己的舞蹈天赋；三是向身边的优秀者学习。

经过一年多的努力，再次见到小张，他的举手投足显得比过去稳重和自信了很多，看人的眼光也变得炯炯有神，无论是谈吐，还是待人接物，都落落大方，完全像换了一个人似的。

这些喜人的变化，归根结底，是小张的心理已经从弱者心理转变为强者心理。比如，过去，在和别人讨论事情时，小张不敢公开表达自己的观点，总怕出错。如今，他会明确地说出"我觉得不行""我觉得可以""我觉得还需要深入研究"等。

（3）成为强者的3种方法

相信没有人希望做一个弱者，都想成为受人仰慕的强者。但是，由于各种主客观原因，最终只有极少数人能突破自我限制，跃升为强者。仔细分析，在当前社会中，不少人存在弱者心态，主要与如下几方面因素有关。

第一，在社会经济的高速发展过程中，财富分配是很难做到平均的。处在社会底层的人自然会产生不平衡的心态，总觉得自己处处不如别人。

第二，在移动互联网时代，未经证实的谣言或存在夸大成分的不公平负面事件快速传播，在舆论场上形成不可调和的矛盾。

第三，在激烈的竞争中暂时处于下风的人，心理不够强大，一旦受到同阶层其他人负面情绪的影响，在心理上会形成同频共振效应。

第四，在个人成长过程中存在缺憾。比如留守儿童，以及从小生活在父母长期吵架的环境中或离异家庭的孩子，对外界的负面信息特别敏感。

那么，到底应该如何做，才能成为生活中的强者呢？不妨尝试如下3种方法。

一是抛弃面子思维。真正强大的人，不会在乎所谓的面子，恰恰是弱者反而更在乎面子，怕犯错，怕被人嘲笑。如果不抛弃面子思维，你的心态一直处于下位，就很难成为强者。

二是永远做行动派。过分在意结果的人总是瞻前顾后，想得多，做得少，执行力较差。强者永远是先干了再说，然后在干的过程中不断优化方法，持续修正目标。

三是不给自己找借口。弱者心态的人会趋向于把自己的不幸、失败、落魄归于自身以外的因素，以各种"合理的借口"获得内心平衡或精神慰藉。例如，当一个人拿不下客户时，他会说："我努力了，但客户油盐不进，不能怪我。"

当然，让自己强大的方法肯定不止以上3种，但用好这3种方法，会给你带来巨大的改变。

提升：
读写赋能，不断提升自己

我的一些读者和粉丝总是抱怨说，不知道为什么，自己并没有偷懒，也没有"躺平"，但却越混越差，越来越自卑。

经过深入分析，我发现问题的关键在于，他们还未充分认识和用好两个能够不断提升自己的武器：读书和写作。

可不要小看了读书和写作，前者是知识的输入，后者是知识的输出，一旦掌握了基本技巧，可以大幅提升做事效率，你的人生将会变得大不一样。

（1）你真的会读书吗？

说到读书，可能很多人会觉得自己从幼儿园开始，一路读到二三十岁，谁还不会读书呢？

如果你的认识仅限于此，那么你已经落伍了。

这里所说的读书，是指进入社会之后，如何在应试教育之外更加高效地读书，让我们变得更具智慧，解决问题的能力更强。

很显然，每个人的读书方法不一样。根据我长期实践的经验，如下几种方法是比较有效的。

一是挑选感兴趣的书。都说兴趣是最好的老师，你对某个领域特别感兴趣，前期一定要找一些相关的书来读。当读书的数量达到一定量级之后，学到的知识就会逐步内化成你自己的，在职场和事业发展过程中，从书中学到的知识会逐步发挥出巨大作用。可以从兴趣开始，逐步培养起爱读书的良好习惯。

二是有目的地阅读。如果你只是为了打发时间，那么随便读什么都行。但是，要想达到一定的目标，就必须在阅读之前思考自己想要从书中获得什么，带着目的进行阅读，效果会更好。

三是精读和快读。对于不同的书，可以灵活选择精读和快读。那些对自己比较重要的书或经典图书，可以精读，甚至多看几遍，而一些无关紧要的书，可以采取快速浏览的方法，抓取其中有用的部分即可。这些年来，我在赶飞机时，如果有两三个小时的空闲时间，基本可以快速读完一本书。

四是养成记笔记的习惯。我的电脑包里随时带着书和笔。遇到特别经典和重要的内容，我会画线或在书上做批注，以便加深印象。后面在工作中或写作时，说不定就能用得上。

五是充分利用碎片化时间。如今，随着短视频等自媒体大行其道，很多人把碎片化时间用来刷视频。其实，分出这些碎片化时间来阅读，对你来说大有裨益。

（2）写出自己的精彩人生

说到写作，很多人的认识有些偏差，总觉得只有作家写东西才叫写作。事实上，需要写作的场景随处可见，大到几万字的工作报告，小到几百或几千字的工作总结，都是写作。如今，随着自媒体的盛行，普通人有了更多展示自己写作能力和呈现自己写作成果的绝佳机会。

如果说读书是知识输入，那么写作则是知识输出。一进一出，会让我们对知识的记忆更加深刻，形成更系统化的知识体系。

需要指出的是，其实写作并没有那么神秘。作为创作时间超过 25 年的写作者，我可以负责任地告诉大家，写作这件事一点都不难。就算你没有天赋，只要大胆地走出第一步，久久为功，你完全可以成为很牛的写作者乃至专业作家。

那么，作为普通人，到底应该怎么做才能真正走上写作之路呢？作为过来人，我总结了6个实用的步骤，供大家参考。

第一，确定主题和目标。在开始写作之前，你需要明确主题和目标。认真思考一下，你希望读者从你的文章中获得什么信息，或者你希望传达给读者哪些观点或信息。

第二，研究和收集资料。在开始写作之前，进行充分的研究和资料收集是非常重要的。这将帮助你更好地理解写作主题，并确保你的文章具有权威性和可信度。

第三，制定写作大纲。制定一个写作大纲，可以帮助你组织思路，并确保你的文章结构清晰，不至于写着写着就离题万里。你可以先列出主要观点，然后逐步展开，并为每个观点添加相应的例子或证据。

第四，开始写作。一旦制定了写作大纲，你就可以开始写作了。在写作过程中，要注意保证语言清晰、简洁，逻辑严密，并使用适当的例子和证据来支持你的观点。

第五，修订和编辑。完成初稿后，你需要对文章进行仔细修订。检查字词、语法和标点符号，并确保文章逻辑清晰，表达出了你想要表达的观点或信息。

第六，反馈和修改。在完成初稿后，你可以请其他人对文章进行评阅和修改。他人的反馈和建议可以帮助你发现潜在的问题，并使你的文章更加完善。

总之，写作这件事，你可以从最简单的读书笔记、书评等短文开始，掌握了一定的写作技巧之后，你会发现过去连写请假条都害怕的情况，会逐步得到缓解，就算写一本一二十万字的图书都不在话下。

（3）通过读书和写作不断提升自己

在现实生活中，很多人长相一般，口才不行，学历不高,性格内敛,于是极度自卑,严重缺乏自信心。

试想一下,如果你每年读书几十甚至上百本,而且涉猎广泛,读的书既专又广,谈吐不凡,而且随时能够写出令人称赞的文章,你还会自卑和害怕吗?当然不会。

这些年来,因为工作关系,我接触和认识的写作者起码有几千人,他们之中很少有信心不足的人,相反,大多数人都是信心十足,这种十足的信心也对他们的工作和生活产生了积极影响。

虽然我不建议把自信变成自负,但读书和写作能够不断提升自己这一点,是毋庸置疑的。如果你之前尚未认识到这两件事的神奇作用,那么我建议从现在开始大胆去做。我相信,坚持一两年之后,你会发现自己变成另外一个人。

当然,需要特别提醒的是,读书和写作必须坚持长期主义才能见到成效，绝对不是随便摆拍几张照片、发发朋友圈就能见到成效的。我们应该认识到，读书和写作是个性化的事情，是对自己有百利而无一害的事，不是做给别人看的，对自己负责，为自己而活，才能活出精彩，活出价值。

第三章

提质精进:
用科学的方法高效变现

受传统文化观念的影响，人们内心深处对财富的渴望和需求不言而喻，却往往选择含蓄内敛，不敢真实表露出来，唯恐被误解为过分逐利或流于浅薄，背负上"铜臭满身"或"俗不可耐"的标签。其实，当我们真正明白了商业社会的本质和人生价值的真谛后，就会深刻懂得，在遵守法律和道德底线的前提下，凭借个人才华和努力大方赚钱，坦然追求并实现经济独立与财富增长，非但不庸俗，反而是展现自我能力、实现个人价值，并为社会做出贡献的方式，是一件让人倍感光荣和自豪的事情。

本质：
厘清商业社会的本质

这些年来，我听过太多的抱怨和不满。很多人要么抱怨自己生不逢时，空有一身本领无处发挥；要么抱怨总是遇不到贵人，只能生活在社会底层；要么抱怨自己只能干苦活、累活、脏活，好事总是别人的；要么抱怨自己很努力，但就是难以实现财富增长……

我比较好奇的是，这些爱抱怨的人为何不反问一下：自己为什么遇不到贵人，好事为什么落不到自己头上，为什么自己赚不到钱？

在我看来，造成这种现象的原因固然很多，但有一个关键原因，也是大家容易忽视的，甚至可能压根都没想过的因素：就是根本不了解商业社会的本质！

（1）商业社会的本质到底是什么？

简单来说，商业社会的本质是交换，而可用于交换的东西很多，如经济利益、资源、人脉、技术等。从商业的角度来说，一切有价值的东西都可以用来交换。

正是因为交换，社会才得以进步，科技才得以发展，人类文明才不断向更高层次迈进。如果没有交换，很难想象这个世界会变成什么样子。

假设在一个村子里，张三是养猪的，李四是生产衣服的，王五是种稻谷的。如果张三养的猪不进行交换，就没钱买李四做的衣服和王五种的稻谷，而李四生产的衣服卖不出去，就没钱买王五种的稻谷和张三养的猪，只有三个人进行交换（以物易物）或进行金钱交易（按照协定的价格买卖），生产端和消费端才能形成完整的链条。

当然，以上只是个简化的生活化的例子，而现代社会是一个极其复杂庞大的系统，社会分工也越来越精细化和专业化，每一个人都处于不同的环节和链条上，扮演着不同的角色。在这个复杂的系统中，我们既是生产者，又是消费者，因为在生产和消费端，我们都贡献了自己的力量，发挥着自己的作用，只不过大部分人注意不到这种并不明显的作用和角色而已。

商业社会包罗万象，就算是世界上最聪明的经济学家也很难完全研究透彻和解释清楚。作为普通人，我们无须了解太多、太细，但诸如商业社会的基本知识，应该多少知道一些，这些知识有助于我们看清社会运转的底层逻辑、基本规律以及应该努力和发力的方向。如果你对这个社会的一些基本事实知之甚少，只知道埋头干活，不但找不到赚钱的方向和机会，甚至还可能走上岔路，最终只会白白浪费宝贵的时间。

（2）努力打破阶层的硬壳

前面提到，每个人在社会的大系统中都处于不同的位置，扮演着不同的角色，同时会获得不同的回报，但这种回报可能相差成千上万倍。比如，因为所处的位置不同，能力大小不同，掌握的资源不同，有人做门卫，有人做上市公司高管。职业不分贵贱，但仅从收入的角度来说，二者的差距是有目共睹的。其中门卫的月收入可能只有几千元，而上市公司高管的年薪甚至可能达到百万元。

经常有人说，我们来到这个世上，能坐到什么位置，从事什么职业，一切都是命中注定的，就算再努力也没用，因为阶层已经固定了。但是，在我看来，所谓命中注定的说法并不准确，命运二字可以分拆来看，命指的是与生俱来、无法改变的东西，比如父母、家庭、长相、身高等；而运指的是人生中不同阶段的机遇，这个部分是完全可以改变的。换句话说，命是注定的，而运，即人生道路和发展前景，则是我们在后天通过努力走出来的。

由此可见，出身贫寒、颜值不高等不能改变的事实，都不是我们放弃努力、"躺平摆烂"的借口。相反，更应该是我们努力改运的内生动力。

说得直白一点，长大成人之后，我们可能会成为什么样的人，取得什么样的成就，能够对社会做出哪些贡献，全靠我们自己，而非命中注定。

如果想成为强者，你必须勤奋努力，找到适合自己的赛道，同时提高做事的效率，你就有可能打破阶层的硬壳，向上跃升到另一个阶层。

过去，在全球产业链中，欧美等发达国家长期掌握着全球话语权和行业标准，处于价值链的高端，每年轻松攫取巨额利润，而数量众多的发展中国家长期处于中低端，干的活最累、最脏，遭受的环境污染也最严重，但只能赚取微薄的利润。改革开放之后，随着社会大众的积极性和创造性得到激发，我国社会经济快速发展，生产效率大幅提高，工业能力大大提升，经济总量已经稳居世界第二。如今，我国已在部分领域跃升至全球价值链的顶尖位置，拥有强大的竞争力，比如高铁、移动支付、量子通信、5G、新能源汽车等。

其实，个人也是如此。一个人的潜力是很惊人的，一旦真正被激发出来，所产生的结果会让人大吃一惊。但前提是你得主动去了解自己，想尽办法去发掘和释放自身的潜力，而不能躺着睡大觉，空等好运降临。

（3）如何努力改运？

说到努力改运，其实是有方法的。尤其是在信息大爆炸时代，除了搞懂商业社会的本质，我们还得深刻理解商业活动的主要目的，那就是通过提供各式各样的商品或服务，满足消费者的需求和欲望，帮助人们改善生活，提高生活水平。

因此，如果你能够在激烈的市场竞争中主动出击，找到并充分发挥自己的特长，形成核心竞争力，为社会和他人提供有价值的产品或服务，就能光明正大地获得相应的社会地位、精神奖励及经济回报，从而实现改运的目标。除了真抓实干和找到高效方法，赚钱没有任何捷径可走。

赚钱：
大方赚钱不必遮掩

最近几年，"负债"两个字频频登上网络热搜榜。其中，房贷、车贷、消费贷成为现代人无法回避的热点话题。

与"负债"相对应的另一类热词，则是"赚钱""变现"。所谓变现，原意是把非现金的资产和有价证券等换成现金。如今，随着自媒体的高速发展，变现的意思得到延伸。特别是在互联网时代，流量为王的概念深入人心，流量变现或知识变现成为变现的主要方式。

（1）为什么我们羞于谈钱？

大家可能已经注意到一个有趣而又略显尴尬的现象，内敛的国人羞于谈钱，而金钱恰恰又与每个人相伴一生。

为什么明明每个人都需要钱，但我们就是羞于谈钱呢？其实，背后有着深层的文化因素的影响。《管子》有云："士农工商四民者，国之石民也。"用现在的话来说，在封建社会，这四种人是国家社会的基石，但从排序来看，也真实地折射出不同身份的人所处的社会地位，士即做官，排位第一，其后才是种田的、做工的，最后才是经商的。

在封建社会，重农抑商曾是基本的经济指导思想，其主张是重视农业，以农为本，农业也是国家税收的主要来源，而商业则被视为低劣的非生产性活动，受到政府的限制。在社会层面，人们对商人也没什么好印象，唯利是图、奸诈、奸商等标签被贴了几千年，导致从事生产工作的人耻于与商人为伍，由此，普通人不敢和不愿随便谈钱，害怕被人扣上各种帽子。

直到改革开放之后,在公开场合谈论经商和金钱才越发多了起来。近些年,随着微博、微信、短视频等互联网平台和新兴传播媒介的横空出世,信息的传播速度大大加快,覆盖范围更广,投资理财和赚钱变现等也逐渐变成热议话题。

(2)你敢大大方方赚钱吗?

在当下社会,人们的生活压力普遍较大。买车、买房、谈恋爱、结婚生子、孩子教育等,每一件事情都少不了钱。但尴尬的是,经过测算,大多数普通上班族每天忙碌不停,一辈子挣到的钱可能还不足500万元,而存款更是少得可怜。

据知名财经作家、《秒懂投资》一书的作者郭施亮测算,一个人从出生到大学毕业,大约是人生的前二十年,几乎是存不了钱的。即使是收到一些压岁钱,也是比较有限的,如果用于缴纳大学几年的学费,基本上就用完了。他以一位本科毕业的小杰为例,对其谈婚论嫁、买房装修、生孩子直到夫妻俩退休所必需的开支进行计算,最后得出的结果是,一个普通人一辈子的存款差不多只能维持在 10 万元的水平。

这个数据真是让人难以置信，但又如此真实。

问题是，一直很缺钱的我们，真的敢大大方方赚钱吗？答案是不敢。

小刘是我认识的一个年轻小伙，身高 180 厘米，五官端正，外形帅气，人也很聪明，但就是性格内向，收入一直比较低，到 30 岁了还没有交女朋友。事实上，小刘是学设计出身，是专业人士，但他始终迈不出通过副业赚钱的第一步。

至于没敢谈女朋友的主要原因，主要还是囊中羞涩。当时，我认识一个各方面挺不错的段姓女孩子，长相、谈吐和人品都属中上，于是想撮合她和小刘，看看能否发展成恋人。

有一次，我把小段的电话和微信推给了小刘，让他主动联系对方。因为事情比较多,加上现在的年轻人比较直接和大胆,这件事我就没有过多参与,让他们自由发展。一个多月后,我问小段,两人聊得咋样?

结果小段责怪我说,姚老师,你介绍的是啥人啊?和小刘出去过两次,我也不要求买什么奢侈品,只是看电影和吃个火锅,感觉他买单都有难度,虽然对他有好感,但为了不给他压力,早就没联系了。

对于这个结果,我颇感意外,于是问小刘是怎么回事。小刘承认,他其实比较喜欢小段,但自己的工资太低,家里也无法提供经济支持,考虑到给不了小段幸福,只能无奈地选择主动放手。

(3)光明正大赚钱是值得骄傲的事情

诚然,我们受传统思想的影响很大,有些流传几千年的东西刻在骨子里,似乎怎么磨都磨不掉。但我还是要善意地提醒，时代在高速发展，我们的思想必须与时俱进，如果墨守成规，极有可能会被时代淘汰，吃亏的还是自己。

说到赚钱这件事，只要合法合规，不违背公序良俗，只管大胆去干，用心去做，不必遮遮掩掩。我甚至认为，运用好自己的能力，光明正大地赚钱，本身就是一件值得骄傲的事情。

试想一下，如果小刘打破心理枷锁，充分发挥自己的专业特长，在不影响工作的前提下，再找一份兼职，或开设自媒体，或拍摄短视频，或进行直播，进行知识变现，赚取另外一份收入，那么收入增加之后，他的自信心也会得到提升，说不定与小段已经修成正果。

可惜的是，这个世上没有后悔药。如果你不了解商业社会的底层逻辑，不懂得解除心魔，总是被一些毫无意义的东西束缚，那么大概率只能做一个生活中的弱者，甚至是失败者。

因此，如果你想让自己变得更好和更强大，那么应该立即展开行动，重新认识自己，评估自己的长项和优势，然后在遵纪守法的前提下，努力把这些长项和优势变成财富，让自己和家人过得更好，这是一件很棒的事情。当然，如果在有余力的情况下，用赚到的财富回馈社会，做做公益，去影响和帮助更多有需要的人，也会赢得大家的喜欢和尊重。

边界：
恪守法律和道德边界

说到变现赚钱，人人都感兴趣。毕竟，这件事关乎一个人的基本生存和发展。对普通人来说，远大的理想固然重要，但如何让自己的能力充分发挥出来，赚到更多钱，提升生活品质，更具有现实意义。

不过，在赚钱这件事上，我一直坚持一个底线，也把这个底线反复告诉我的朋友，那就是恪守法律和道德边界。用直白一点的话说，就是不触碰法律法规，不挑战公序良俗。

（1）两条底线不可触碰

过去，武林侠客在江湖上行走，最为看重"信义"二字，守信重义是一个侠客最基本也是最核心的品质和素养，更是扬名立万的金字招牌和做人底线。

在当今社会，有本事的人、有钱的人很多，但为人处世有底线、受人尊重的人不多。归根结底，是有些人忘记了做人的基本准则，为了钱什么事情都做得出来。为什么每年央视的"3·15晚会"让很多人瑟瑟发抖，生怕被节目点名？关键是一些企业老板置消费者的健康安全和合法权益于不顾，大赚黑心钱，当然心不踏实。

我始终要求自己在做一件大事之前，必须思考这件事对社会、他人会产生哪些影响。凡是触碰法律的，坚决不做。与此同时，即便没有犯法，但是冲击公序良俗、挑战道德底线的，也一概不做。

（2）凭真本事赚钱才是王道

海阔凭鱼跃，天高任鸟飞。只要你有真本事，就有足够的舞台让你施展和发挥。

过去，人们总是感叹除了读书、做官，普通人想破圈出位，打破阶层限制，实在是太难了。如今，时代变了，普通人走向成功的道路也变多了。在移动互联时代，国家不但鼓励创业创新，还出台了很多具体的措施，目的就是营造良好的创业氛围，激发每个人的创新潜力，推动社会经济高质量发展。尤其是自媒体的横空出世，让越来越多的普通人找到了赚钱变现的渠道。比如，以李子柒为代表的一大批自媒体博主，凭借制作输出高质量、有价值的作品，在合法合规的基础上，赚得盆满钵满。据媒体报道，出生于四川绵阳的李子柒是美食视频制作者。她自拍自导的古风美食短视频，广受国内外网友的追捧，全网粉丝超过1亿，除了获得诸多社会荣誉，还成为媒体宠儿。

央视著名主持人白岩松认为，李子柒在带有诗意的田园背景中制作着各种美食，以让人很羡慕的方式生活着，她不仅吸引中国网友的关注，还走向了世界。在面向世界的传播当中，她没有什么口号，却有让人印象深刻的风格，更赢得了千万网民的好口碑，值得借鉴。

在收入方面，李子柒团队凭借庞大的粉丝群体和独到的商业运作，变现能力非常强。尽管其团队曾否认了年入1.6亿元的传闻，但真实收入应该是不低的。

与李子柒一样，从普通人一跃成为"互联网顶流"的还有董宇辉。或许，你成不了第二个李子柒和董宇辉，但他们的成长故事告诉我们，只要你在某一方面有着与众不同的特长，充分发挥你的聪明才智，通过合法的途径和方式，善用商业思维，说不定有一天，你一样可以成为另外一个赛道的大牛，凭真本事改变自己的人生航向。

（3）主动担负起三大责任

儒家经典提出，修身齐家治国平天下。这句话概括了个人修养与社会责任的递进关系,体现了从个人到家庭、再到国家和社会的理想治理路径。只有个人把自己管理好、家庭管理好了,国家才能好,而国家好了,天下才能更太平。

在我看来,修身齐家治国平天下分别对应几种责任。虽然现代社会已经与封建社会大不相同,治理国家等重任非一般人所能承担,但普通人至少应该主动担负起三大责任。

第一,对自己负责。所谓对自己负责,就是要对得起父母给予我们的身体和生命,不虚度光阴。对自己负责的最佳状态,就是做一个积极上进的人,管理好自己的身体和情绪,尽可能地挖掘自身潜力,做更好的自己,活出质量,活出价值,不枉来到人世间走一趟。

第二,对家庭负责。国家其实是由千千万万个小家庭组合而成的大家庭。和谐幸福的小家庭越多,国家也就更加富强,可以担负更多国际责任,推动"地球村"向着好的方向发展。

第三，对社会负责。或许，大多数普通人没有"先天下之忧而忧，后天下之乐而乐"的崇高信念和远大抱负，但我们依然有责任在做好自己、建设好家庭的基础上，多多关心国家大事，用自己的方式建设国家，为社会发展贡献哪怕是微小的力量。比如，一位普通的电焊工，在为航母焊接甲板时，如果苦练技艺，精益求精，对每一个焊点都做到严丝合缝、平滑牢固，为航母的强悍战力提供保障，其实也是在为国家的国防事业做贡献。

我认为，要做到以上三点并不是很难，人人都可做到。但前提是，你得先了解和知晓自己立身于世的意义何在，时常对自己来到这个世界做一个终极追问，主动担负起三大责任。

脾气：
金钱是有脾气的

有一次，我在一家企业做交流时，我说金钱也是有脾气的。

现场有人提出反对意见："姚老师，金钱没有生命，没有思想，何来脾气呢？"

的确，在很多人的认知中，只有那些有血、有肉、有生命的动物才有脾气。但金钱是有脾气的，并非我的原创，一些有智慧的人曾经说过。比如，企业家冯仑在《野蛮生长》一书中就曾经说过，"钱是有脚的，有性格的，也是有嗅觉。是的，钱用自己的脚在不停地跑，跑到自己想去的地方"。

（1）你的脾气聚财吗？

在现实生活中，很多人本事不大，但脾气很大，稍微不顺心或者别人不顺从自己就生气发火。脾气大的人，情绪不稳定，容易被外在因素和无关紧要的小事激怒，甚至对身边的人进行攻击和伤害。这种不理智的行为不仅会破坏人际关系，让别人不痛快，也会给自己带来负面影响。

在各种各样的负面影响中，有一个较为突出的表现是，如果不能很好地管理情绪，导致情绪失控，就难以对事情的是非曲直做出准确的判断，进而错失机会，催生风险，形成恶性循环，财运也会越来越差。

不妨扪心自问一下，你是一个大度包容的人，还是一个脾气暴躁的人？如果是前者，值得恭喜。这样的好脾气容易获得更多机会，结交更多朋友，财运也会越来越好；如果是后者，那么就要引起重视，并及时进行调整了。

我认识一对兄弟，哥哥35岁左右，脾气极大，谁都看不惯，好像这个世界都亏欠他似的，不是怼这个就是骂那个。弟弟30岁左右，整天乐呵呵的，属于典型的乐天派，很少见他与人争执，为人处世平和稳重，与他打交道，有一种如沐春风的感觉。

虽然两个人出生在相同的家庭，但命运却截然不同。2023年底，弟弟在公司成功升为团队负责人，月薪从5000元涨到8000元，女朋友也有了，两人打算2024年年底结婚。老大虽然年长几岁，但无论是在家里还是单位，口碑都很差，几乎没有朋友。究其原因，两兄弟在家庭背景和其他条件都相差无几的情况下，脾气成了影响人生命运的关键因素。

（2）钱的几种"性格"

众所周知，人是感情动物，有喜、怒、哀、乐、爱、恶、惧等多种情绪。在日常生活中，这些情绪会反映和折射出一个人在某个时点的心情和态度。

钱是有脾气的,这种脾气本质上反映了一个人对金钱的情绪和态度,而这种情绪和态度反过来又会影响一个人聚财和散财的概率和速度。

坦然面对钱的人,不会为金钱与别人明争暗斗,更不会为此铤而走险,甚至丢掉性命。但恰恰是这种坦然的态度,反而会吸引更多人聚集在其身边,因为大家很放心和这样的人打交道,不会吃亏上当,喜欢你的人多了,赚钱也就容易了。

相反,那些锱铢必较、一门心思钻钱眼的人,为了赚钱置法律和道德于不顾,让人恐惧和害怕,只会把能量强大的人越推越远,聚财的速度变慢,甚至这辈子都很难发财。

那么,钱到底有哪几种"性格"呢?在我看来,至少有3种。

一是天生缺乏安全感。在各种交易市场上,金钱的流动性较强，而且一向趋利避害，哪里安全就流向哪里，哪里有风险就唯恐避之不及。

二是具有爱憎分明的个性。一个人以平和的心态对待金钱，不把金钱当作唯一的目标和工具，金钱就会给予其相应的回报。反之，如果一个人时时刻刻把金钱当成主人，成为金钱的奴隶，唯利是图，那么金钱反而会远离你。和人一样，金钱也具有爱憎分明的个性。

三是比人更公正。人有七情六欲，有情绪波动，遇到事情时，不同的人会做出不同的反应。这些反应有些是理智的，有些是非理智的。金钱是被人创造出来的一个工具，本身是中性的，更多的是作为一种核心交易工具存在的，相比带有各种情绪的人来说，更加公平。

（3）如何做一个聚财的人

作为普通人，我们的生存与发展、日常生活都需要钱，这个话题不必刻意回避。因此，你必须了解如何做一个聚财的人。

对普通人来说，赚钱聚财的方式很多，常见的方式有如下几种。

第一，以时间换钱。如果你正常打卡上下班，完成领导交办的任务，不出大的差错，就能每月按时领取工资。其实就是以时间换钱的一种方式。

第二，用专业知识赚钱。一些术业有专攻的人利用自身的经验和知识赚钱，现在越来越多。尤其是在专业划分越来越细的今天，即便在某个小众领域成为专家，通过知识付费、培训、讲座等不同方式，也能够赚到不菲的收入。

第三，投资理财赚钱。这种方式考验的是一个人的投资理财能力，如果你有一定的本金，而且具备一定的理财知识，采取钱生钱的投资方式，也是不错的。

第四，用资源赚钱。有的人既不是专业人士，能力也没有多强，但手握各种资源，通过交换这些资源，即可获得不错的收入。

其实这种方式是普通人都能够做到的，只不过在不同的阶段，可能达到的层级有所不同。要想成为一个聚财的人，在对待金钱方面，应该努力做到平和，积极向上，心存善念，这样也容易获得更多回报。

方法：
好方法比努力更重要

过去，大家说一个人很成功时，都会加一句：他太努力了！努力，似乎成为成功的决定因素。

关于努力，我们前面专门讨论过，按照不同的划分标准，努力可以分为真努力和假努力。真努力，做事的效率极高，成效非常明显。假努力则不同，只是看起来很努力，属于伪努力，成效很差。

诚然，任何人都无法否认努力的重要性，毕竟它是成事的基础。但我认为，还有比努力更重要的东西，那就是方法。

（1）掌握好方法很难吗？

所谓方法，通常是指为获得某种东西或达到某种目的而采取的手段与行为方式。在日常生活中，无论是学习还是工作，喜欢多问几个为什么，善于思考事物运行逻辑和规律，并掌握解决问题能力的人，做事的效率更高，也更容易取得成功。

反之，那些遇到问题只管埋头苦干，不去思考的人，比别人流的汗更多，回报反而很少。

既然都是做事，为什么得到的结果相差如此之大呢？这涉及你的方法是好方法还是差方法的问题。

所谓大道至简，好方法不一定很复杂，但一定是高效的、有用的，与之对应，差方法通常是低效率的、机械的、不动脑的。

举个例子，小张同学想在一年之内学会一门外语，目标是日常交流没有太大障碍。可选的学习方法有两个：

一个是通过大量阅读有趣的外语简易读物、结合语境记忆单词，再与外教或语伴进行日常对话。如果小张每天能够花30分钟阅读外语小故事，20分钟与外教或语伴对话，一年下来，他的外语水平会显著提高。很显然，这种方法是高效的，因为可以很好地培养语感和语言理解能力，特别是通过对话的方式，单词的记忆也会更加深刻，口语表达和听力理解方面的进步也会很快。

另外一个学习方法，大家很熟悉，那就是每天狂背单词，但并不注重单词的发音、用法以及在句子中的实际运用。一年下来，小张的词汇量确实会扩大，但可能说不出一个完整的句子，更是做不到使用外语进行日常交流。其实，这就是低效率的方法或差方法，因为只是孤立地记忆单词，即使记住了单词的拼写，在实际运用的过程中，也很难达到很好的效果。

由此可见，好方法并没有想象的那么难。关键在于，面对问题时，你是否能用心去思考哪一种方法是最好的。

不少人工作、生活越来越差，核心就在于不愿动脑，没有思考的习惯和能力，总是想做最简单的事情，拿最多的报酬，但天下哪有这种好事？有句话说得很好，我们永远赚不到认知以外的钱。什么意思呢？就是你的认知低、视野窄，就只能挣到很少的钱，井底的青蛙和空中的雄鹰，看到的事物、欣赏到的风景当然是不一样的。

（2）巧干还是蛮干

俄罗斯有句谚语：巧干能捕雄狮，蛮干难捉蟋蟀。意思是说，懂方法的人可以捕获一头力大无穷的雄狮，而不动脑子的人想抓住一只小小的蟋蟀都很难。两相对比，可谓天壤之别。

几年前，我在一家公司做负责人时，团队有两个员工小马和小吴。两个人是同一天被招进公司的，平时关系也处得比较好。但从做事方法上来看，二者的区别比较大。

小马做事看似慢条斯理，但他喜欢思考，懂得用巧劲，完成任务的时间反而更短，质量也更高。小吴是个急性子，做事毛毛躁躁，拿到一项任务，先干起来再说，等进行到一半才发现解决办法不对，于是退回去重新开始，反而耽误了不少时间，相当于是起了个大早，赶了个晚集。

小马和小吴就是巧干和蛮干的典型代表。所谓巧干，是指善于观察、分析问题，灵活运用技巧，善于整合资源，以高效的方式快速达成目标。蛮干就是缺乏计划和思考，操之过急，盲目行动，只凭过去的经验展开行动，经常是事倍功半。

很多时候，在遇到一个复杂且重要的问题时，我们不妨先静下心来，花一两分钟思考一下，会发现这件事情的解决办法可能有多种，那么，我们应该怎么做才能取得更好的效果？庖丁之所以能够把一头牛快速分割完成，动作利索，主要是他对牛的骨骼结构了如指掌，刀刃所到之处，未受任何阻碍，堪称巧干的典范。

（3）成为解决难题的高手

人的一生，其实就是一个不断解决问题的过程。每时每刻，我们都会遇到新问题，然后不断想办法去解决问题。区别在于，问题有大有小，有复杂有简单而已。

鉴于每个人的时间都是有限的，而要解决的问题实在太多，很多时候，我们恨不得多生出几只手来。因此，要想让自己变得更高效，赚钱能力更强，你得想办法成为解决难题的高手。遵循如下四个步骤，你会发现自己做事更有逻辑性和条理性，而不是眉毛胡子一把抓。

第一步,找到问题的"病灶"。解决复杂问题和难题,可以学习中医看病,讲究望闻问切。遇到问题,不要急于动手,先找到问题的根源和底层逻辑,再对症下药,直击要害。

第二步,拆解问题。有些问题比较复杂,一举解决比较困难,此时需要进行拆解,将复杂问题分解成几个小部分,便于深入了解问题的本质和各个组成部分之间的关系。

第三步,运用逻辑思维。庖丁解牛的精髓,是掌握了牛的骨骼机理。我们在解决复杂问题时,如果能够灵活运用逻辑思维,效果也会好得多。经过前期的问题拆解之后,我们对问题的本质和各个部分的关系有了深入了解,然后再根据先急后缓、先易后难的顺序,各个击破。

第四步,总结复盘。解决掉一个复杂问题之后,事情并未完全结束,建议及时总结复盘,对成败得失进行梳理,想一想还有无改进的空间，下一次遇到类似问题或其他问题时，这一次的解决办法是否有效，效率能否进一步提高。

很多好习惯的养成是需要时间的，一旦习惯成自然，带来的好处也是显而易见的。熟练掌握以上四个步骤，我们就会逐步成为解决难题的高手。

管道：
管道收益比复利更具威力

相信对投资有所了解的人，都听过复利这个词。在投资市场上，复利的威力巨大。闻名全球的股神沃伦·巴菲特依靠复利带来的收益，曾经位列《福布斯》2008年度全球富豪榜第一，成为全球首富。

有人做过统计，1965～2021年，巴菲特旗下的伯克希尔每股市值的复合年增长率为20.1%，正是依靠年复一年的复利增长，巴菲特成为人类投资历史上最为耀眼的"明星"。

然而，很多人不知道的是，管道收益比复利更具威力。

（1）复利的秘密

从概念上来说，复利计息方式是指某一计息周期的利息是以本金加上先前周期所积累的利息总额为基数来计算利息的计息方式，也就是人们常说的"利滚利"。

在投资领域，复利的收益是极为惊人的。大科学家爱因斯坦说过，人类最厉害的武器不是原子弹，而是"时间+复利"。

大家应该都听过一个经典故事：古时候，一位印度国王想奖赏国际象棋的发明者，而受奖者要求的奖赏似乎并不多，即在棋盘的第一格里放一粒米，以后每一格中的米粒数都比前一格增加一倍。国王觉得这个要求太低了，未加思考就很爽快地答应了，但是到第21格的时候，米粒的数目已经超过了100万粒，到第41格时，已经超过了1万亿粒，而按照当时全球的生产效率，把所有米粒全部搬来，都摆不满整个棋盘。

这就是惊人的复利效应。

最近几年,网络上关于50岁退休的讨论比较多。实事求是地说,对于普通人来说,仅靠几千上万元的月工资收入,提前退休是不太现实的。除非是在工资之外,再做一些投资理财或开发其他收入。而且,投资理财必须长期坚持,切不可三天打鱼两天晒网,最好是以二三十年为期限。

不过,前面我说过,天下最难的事是"坚持"二字。有些人一次投资几十万元做一件事,可能不用考虑太多就能作出决定,但要让他每年投资1万元,坚持20年,大概率做不到,自然也就享受不到复利带来的巨大收益。

(2)管道的力量

20世纪90年代,自从直销进入中国市场之后,管道收益这个词逐渐被人们所熟知。所谓管道收益,就是建好管道之后,就算后期不再投入,也会一直有源源不断的现金流收入。

我们知道，要想让复利发挥威力，必须长期坚持做一件事，以漫长的时间换取回报。无法坚持恰恰是人的最大弱点。要想克服这个弱点，一种可行的办法是缩短时间。建设能够产生收益的管道，就是一种不错的方法。事实上，管道的力量比复利更大。

在现实生活中，不少人对管道收益的误解很深，直接将其与非法的传销挂钩甚至画等号。其实，受到法律严格监管和保护的直销行业，可以说是把管道收益的作用发挥到了极致。我的一位朋友，不到10年时间，就通过合法的直销模式为自己赚到了两套别墅和几辆豪华汽车。就算在2020~2023年，很多人的收入都有所下降，他的收入虽也受影响，但每年仍有几十万元的管道收益。

其实，能够产生管道收益的行业比较多，尤其是在民生领域，比如自来水行业。最开始，由自来水厂铺设管道，通过管道将水输送到家庭、工厂等，用户按月缴纳水费，从而为自来水厂带来长期且稳定的收益。

类似的行业还有城市燃气行业、电信行业、高速公路、移动支付、电商等，这些行业有一些共同的特点，即前期投资较大，一旦建成，现金流稳定且持续。通常由大型国有企业或民营企业集团主导参与。

不过，随着社会的进步和时代的发展，在当下及可预见的未来，无须巨额投入且普通人能够参与和修建的财富管道会越来越多。

（3）修建自己的财富管道

无疑，我们是幸运的，能够生活在移动互联时代。这个时代最大的特点是一切皆有可能。只要你有想法、有能力，懂得运用现代化工具，就能获得相应的回报。

那么，在资源有限的情况下，普通人如何修建自己的财富管道呢？应该说，要想获得源源不断的收益，自然得先建立管道。对绝大多数人来说，很难拿出几千万元甚至上亿元来进行前期投资，但天生我材必有用，我们可以结合自身情况和擅长的领域，建设适合自己的财富管道。

比如，最近几年比较盛行的知识付费，就属于典型的能够产生管道收益的行业。其做法并不复杂，大致流程如下。

首先，在自媒体平台开设个人账号，持续为用户提供有价值的内容，吸引粉丝关注。

其次，一旦你的内容受到读者欢迎，就会吸引越来越多的粉丝关注。当粉丝达到一定数量之后，平台就会为你开通付费功能。当然，不同平台的开通标准有所不同，如百家号是粉丝达到100人，即可开通付费专栏功能。

最后，将自己最擅长的内容做成付费课程，上传到自媒体平台。忠实粉丝订阅你的付费内容之后，即可产生收益。

从逻辑上来说，你开设好自己的自媒体账户，就相当于建好了管道，而制作出市场和读者需要的内容，即可持续获得收入，简单几步，就完整地构建起了自己的财富管道。

肯定有人会问，对于普通人来说，知识付费看起来确实不错，也不用投资太多金钱，主要是付出知识和时间，但这种方式能赚到钱吗？

答案是肯定的。众所周知，樊登、罗振宇、吴晓波和李善友四个人被称为"知识付费四大天王"，每个人的年收入都是上亿元。

或许，大家会说这些人是行业顶尖人物，可望而不可即。但你有无想过，他们哪一个不是借助时代春风，从普通人做到行业"顶流"的呢？

再说一个真实的案例。我的一个大学校友，生活在贵州，普通得不能再普通，因为对曾国藩和王阳明心学研究得很深入，这些年写了很多专栏内容，仅仅在百家号一个平台，截至 2024 年 3 月底，就有 4 万付费铁粉，他的专栏平均定价 50 元一份，简单估算一下，光靠卖课，他的收入就是 200 万元。

现在，你还会担心这个行业可望而不可即吗？

利器：
压力与欲望是前行的利器

一天，我加班到晚上 10 点多，然后去赶地铁。在地铁口，一位六七岁的小朋友坐在台阶上，哭丧着脸说：妈妈，今天补了两门课，实在太累了，不想走了，坐一会再走可以吗？妈妈态度坚决，大声说：不行，这点累算啥，一点抗压能力都没有。要是再不走，就赶不上末班车了。

见此场景，真是让人唏嘘不已。现在的孩子真是不容易，从小就感受到压力。回想自己的童年，虽然身处山村，没有高档玩具，整日与小狗、黄牛、水塘为伴，但却过得无忧无虑，充满了欢声笑语。

在快节奏的当下，连几岁的孩子都被要求提升抗压能力，成人世界的压力更是可想而知。

事实上，人人都有压力，而且都有欲望，压力和欲望并不可怕，只要了解相关知识，适时疏导，巧妙利用，压力与欲望完全可以成为前行的利器。

（1）别让压力破坏了你的幸福

从定义上来说，压力可分为物理与心理两个领域的压力。从心理学角度看，压力是压力源和压力反应共同构成的一种认知和行为的体验过程，即心理压力。从生理—社会—心理学的角度看，可以把压力理解为一种复杂的身心历程，包含三大部分：①压力源，任何情境或刺激都具有伤害或威胁个人的潜在因素；②认知评估，当一个人受到刺激或威胁时，就会认为压力已经产生；③焦虑反应，当一个人意识到自己身体和心理的健康出现问题，事业失败或自尊受到伤害等情况时，就会做出相应的反应。这些反应包括不安、紧张、恐慌、焦虑、抑郁、愤怒等。

压力可分为正性压力、中性压力和负性压力。所谓正性压力，可以理解为有益的压力，可以激发一个人的潜力。当压力持续增加时，正性压力会逐渐转变为负性压力，对一个人的身心健康产生负面影响。中性压力则是处于二者之间，不会引发后续效应的感官刺激。

事实上，我们每个人随时随地都处于压力之中。只不过事情的大小和问题的难易程度，对人们产生的影响不同，我们做出的反应也是不一样的。当压力过大时，我们就会做出相应的应激反应。比如，一年一度的高考，是选拔人才的重要方式，高考成绩的好与坏可能会影响一个人的前途和命运，甚至是一个小家庭的幸福。正因为如此，每逢高考，不但很多考生紧张万分，一些家长也急得如热锅上的蚂蚁。

面对大大小小的压力，我们必须适时进行心理建设，懂得自我关爱和自我疏导，学会放松和调节情绪，不要让压力毁掉我们的幸福。

（2）欲望是催人奋进的战歌

欲望是由生物的本性产生的，即想达到某种目的的强烈想法。客观来说，欲望是世界上所有动物最原始的一种本能。从人的角度来讲，欲望可以被视为从心理到身体的一种渴望、满足。必须指出的是，欲望本无善恶之分，关键在于如何控制和利用。

马斯洛的需求层次理论把每个人的需要分为生理的需要、安全的需要、归属和爱的需要、尊重的需要和自我实现的需要。说白了，这些不同层级的需要，就是欲望的升级。换句话说，当低层级的欲望得到满足之后，更高层级的欲望就会产生。比如说，一个人没钱的时候，买了一辆摩托车，已经很满足了。等他稍微有点钱了，就想着买一辆几万元的小汽车。当他赚到更多的钱了，就会考虑把之前的普通汽车换成豪车。

其实，有欲望是正常的，而且是好事。如果一个人无欲无求，就会对任何事情失去兴趣。在我看来，欲望不但不可怕，而且是催人奋进的战歌。真正可怕的是对欲望完全不了解。20世纪印度伟大的哲学家、心灵导师克里希那穆提曾说过："对欲望不理解，人就永远不能从桎梏和恐惧中解脱出来。如果你摧毁了你的欲望，可能你也摧毁了你的生活。如果你扭曲它，压制它，你摧毁的可能是非凡之美。"

从哲学的角度来看，欲望是人类社会生存和发展的原动力，没有欲望，世界可能也就没有政治、战争、商业，也就没有文化、宗教、艺术、教育，更没有浪漫的爱情和幸福可言。简而言之，人类的一切，都是欲望驱动的结果。

只要你能掌控和管理欲望，不做欲望的奴隶，欲望将会让你变得更强大，做事更高效。

（3）善待压力，管理欲望

在快节奏的社会，普通人的压力都很大。为了在职场生存，我们需要处理复杂的人际关系；为了维持生活，我们需要努力赚钱；为了家庭温馨幸福，我们需要经营好家庭。当排山倒海的压力步步紧逼时，我们唯独没有时间来关爱自己、倾听自己的声音、了解自己的真正需求。

在此，我要向每一个普通人公开发出呼吁：请善待压力，管理欲望。

善待压力，就是善待我们自己。管理欲望，就是为自己减压。

德国著名哲学家叔本华说过，欲望过于强烈，就不再仅仅是对自己存在的肯定，相反会进而否定或取消别人的生存。我们必须有勇气承认，很多事情，我们做不到就是做不到，过于执念，也不会有任何结果，只会徒增烦恼。

比如，说到赚钱，在万达集团创始人王健林看来，一个亿只是小目标。但对于大多数普通人来说，一辈子可能都赚不到500万元，如果非要把一个亿当作人生目标，并为之疯狂，你可能会走火入魔，甚至走上不归之路。相反，如果把欲望降低，把先赚到100万元当作小目标，这个目标实现之后，再逐步调整目标，人生的大目标反而容易实现，一切也变得水到渠成。

第四章

终极目标:
成为别人的学习对象

从小到大，我们都被老师或长辈教导向优秀人物学习。如今，经历过岁月的洗礼和时间的磨炼，你是否想过，有一天自己也能成为别人的学习对象？是的，不用怀疑，只要找到适合自己的高效做事方法，提升信心，努力成为顶级专业人士，即便只能做一个平凡简单的人，你同样可以是别人的希望和榜样，掌控自己的人生大局，过上想要的生活。

激励：
榜样的力量

大家有无注意到一个现象：在一个大家族里，有的家庭成员都是硕士研究生、博士研究生等高学历，而有的家庭成员基本都是小学或初中毕业，给人一种泾渭分明的感觉。

那么，是高学历家庭成员的智商都比低学历家庭成员高很多吗？其实并不是。从概率上来说，除了个别天才和天生愚笨的人，绝大多数人的智商都相差无几。对于一个大家庭来说，更是如此。

那为什么会出现这个有趣的现象呢？其实，是榜样的力量在起作用。当一个家庭出现一个高学历成员时，其他成员就会觉得自己也不差，也要努力变得更好，甚至超过第一个对标的榜样，进而在整个家庭中形成你追我赶、共同进步的良好氛围。

（1）何为榜样

从释义上来说，榜样就是值得学习、效法的好人好事。小时候，老师和长辈经常教导我们，好好学习，天天向上，助人为乐好榜样。

其实，早年的我比较自卑。因为出生在农村，祖辈都是农民，贫穷似乎是这个群体摆脱不掉的标签。为了改变这种现状，从初中开始，我就有意无意地寻找学习的榜样。但是，到底向谁学习呢？我根本找不到适合的学习对象。因为，我喜欢和崇拜的一些名人，离我太过遥远，就算苦学一辈子，也很难达到别人的高度。

于是，我转变思路，不再仰望那些遥不可及的星辰，转而聚焦于那些通过不懈努力便有可能与其并肩同行的人。幸运的是，这位榜样终于让我找到了，他就是汪国真！

接下来，我对自己进行了简单的评估，发现内心深处对文字有着一份难以言喻的热爱与向往。彼时，汪国真的诗歌正如日中天，其独特的魅力吸引着无数人竞相模仿与学习。我沉浸在他的诗作之中，细细品味，发现那些字句间流淌的情感与意境，于我而言并非遥不可及。一个信念悄然生根——我也能书写出这样的文字。

就这样，我尝试着模仿汪国真激昂而深情的笔触，一字一句地雕琢着自己的心灵之歌。数十首诗歌在笔尖下诞生，如今回望，它们或许显得青涩而稚嫩，甚至难以严格定义为成熟的诗作，但正是这些作品，如同一颗颗种子，在我心里埋下了坚持与梦想的种子。更令人惊喜的是，我的努力得到了认可——一篇作品有幸在铜仁地区（今铜仁市）的文学刊物上刊登出来。这份意外的收获极大地增强了我的自信心。可以说，正是汪国真这位榜样，引领我走上了写作之路，改变了我的人生航向。

（2）你将成为谁的榜样？

在现实生活中，有的人志存高远，志向远大，一心想成为一个有影响力、有价值的人。

其实，成为有影响力、有价值的人，不需要你多有钱，做多大的官，而是要有一种积极的人生态度，为人讲求光明磊落，说一不二。言必信、行必果。哪怕你给别人提供的帮助并不是很大，甚至微不足道，依然值得称道和赞赏。

作为男人，应该身体力行，为社会的公平正义树立榜样；作为父亲，应该言传身教，为孩子树立起顶天立地的学习榜样；作为儿子，必须尊重老人，为中华民族的孝道文化树立典范。

作为女人，应该拥有独立的人格，不依附于任何人，有自己的工作和爱好；作为母亲，可以温和慈祥，引导孩子走在正确的人生道路上；作为女儿，可以弘扬中华美德，传承优秀的家风。

所以，千万别小看了自己，就算是普通人，只要我们保持初心，不断地提升自我，让自己变得更好、更强大，我们就能成为身边人学习的榜样。

我的一个好友，是一个全职汽车自媒体人。工作性质的原因，与常规的上下班打卡有所不同，他平日常规的工作节奏是，上午在外面探店，拍摄视频，下午回家撰写文稿和剪辑视频。

这种特殊的工作方式，让他的工作经常被人质疑，甚至不被家人理解，他一度也曾怀疑过自己，这样下去是不是不能给孩子树立一个好榜样？

不过，经过他的反复解释，加上家人和孩子见他现在做的事比过去上班时更忙，收入也更高，态度也从最初的不理解，到不反对，再转变为全力支持。

在我看来，这位朋友虽然不是高官，也不是有钱人，但他一丝不苟的做事风格、勤奋努力的工作态度及专业精美的视频作品，已经成了别人喜欢和学习的对象。这同样也是榜样的力量。

请记住：榜样并不是名人大咖的专属，普通人同样可以成为浩瀚宇宙中闪亮的那颗星。

（3）做到这五点，你就是别人的榜样

行文至此，肯定有很多朋友会问，确实没想到普通的自己也能成为别人的榜样。那么，到底应该怎么做，才能实现目标呢？

别急，下面我给出五点具体的建议，供大家参考借鉴。

第一，做一个正直的人。虽然说正直诚信是做人的基本要求，要做到很简单，但很多人恰恰做不到。

第二，做一个能力出众的人。所谓能力出众，就是指你在一个或多个方面是专业人士或顶尖专家。有了这种卓越的能力，才能给别人提供实质性帮助，从而吸引更多的人。

第三，做一个有责任感的人。在当下这个社会，很多复杂的事情，借助最新的科学技术解决起来十分简单。责任感始终是一种弥足珍贵的品德，是一个人成为好榜样的基础条件。

第四，做一个有领导力的人。在社会组织中，处处有团队。在关键时刻，一个人的决策能力和领导能力至关重要，一个强有力的领导可以带领团队开疆拓土，攻克难关。

第五，做一个有口皆碑的人。客观来说，有能力的人很多，但一个人能做到有口皆碑，可不是一件容易的事情。在别人眼中，无论是人品、性格还是处事方法，都让人敬重和敬佩的人，才是一个值得学习和终生追随的人。

当然，以上五点要想全部做到，难度不小。但是，如果能够做到其中三点及以上，你就有可能成为别人学习和追随的榜样。

秘诀：
虚心向学习者学习

几年前，参加一个培训，主讲老师提出一个观点：向学习者学习。

当时，我觉得这个观点很新颖，但总感觉很绕口，是老师故弄玄虚。经过这么多年的思考，加上我不时也会到大学、企业等地方做分享，我终于逐步领悟到这句话的真正内涵。

从字面意思来看，学习者是指在各种教育活动中从事学习活动的人，或者通过阅读、听讲、研究、实践等获得知识或技能的人。不过在我看来，真正的学习者覆盖的范畴要大得多，至少包含学习动机、态度、方法、路径和结果。向学习者学习，无疑会让我们变得更加强大。

（1）你是被动式还是主动式学习者？

很多人对学习的定义太过狭隘，认为只有拿着书本阅读才算学习。事实上，从出生第一天开始，我们无时无刻不在学习，可以说学习伴随我们一生。比如，新生儿从呱呱坠地那一刻起，就得学习喝奶。如果不学习，就会面临能否存活下去的问题。当然，这种条件反射式的学习属于被动式学习，不需要太多外在因素去刺激和影响。

既然有被动式学习，自然就有主动式学习。按照不同的划分标准，学习的种类太多了。比如按照学习方式，可以分为线上学习、线下学习等。

在我看来，按照对个人成长的影响和学习成效的差别进行划分，学习可以分为被动式学习和主动式学习。

所谓被动式学习，就是学习者在学习过程中处于被动从属地位，对知识的输入全盘接收，缺乏积极性和主动性，学习的成效相对较差。相反，主动式学习是学习者带着目的主动学习知识的积极做法，会对知识和信息进行筛选，理解更深，相对来说效果更好。

在学校阶段，大多数人出于应试的目的，在老师的督导之下，主要以被动式学习为主。一旦进入社会，没有老师的督导，时间自由，全靠自己掌控，被动式学习会慢慢变成不再学习，思维会变得日渐僵化，久而久之，会跟不上时代发展。因此，我们的学习必须从被动式学习转变为主动式学习。如果你的认知不升级，以混日子的心态工作，你很快会发现，自己在职场中的竞争力越来越弱，处于被动挨打的尴尬境地。

为什么会出现这种状况？其实背后的原因并不复杂。我们在学校学到的理论知识常与社会现实脱节，必须结合实际才能发挥效用。社会是一个结构极其复杂的大系统，不同行业、不同部门、不同人在各自的位置上发挥作用，形成合力，从而推动社会前进。

最重要的一点是，在当下这个时代，科技、文化、经济形态等的变化实在太快了，半年前学到的知识和技能，此刻可能已经过时了，因为新的更厉害的东西又被生产出来了。

基于此，为了能够在竞争激烈的时代活下去，并且活得更好，我们必须做一个主动式学习者和合格的学习者。

（2）怎样才算合格的学习者？

不学习，无进步。在信息大爆炸时代，要想做一个合格的学习者，我认为至少得满足三个条件。

一是有明确而清晰的目标。如果我们的学习目标不够清晰和明确，就很难取得较好的效果。比如，我认识的一个小伙伴小吴，来自西部农村，考虑到父母年龄大了，他想回到家乡发展。回到农村之后，他打算借助自媒体的力量，拍摄短视频，一方面宣传家乡的特色农产品黄桃，助力老乡把黄桃卖到全国各地，帮助村民增加收入；另一方面，自己也可以获得收入。但他在大学期间的专业是会计学，在拍摄和剪辑视频方面毫无经验。因此，他必须设立一个学习目标，就是把关于短视频的拍摄、剪辑、发布等所有环节的基础知识全部学会，然后在工作中提升相关技能。

二是懂得建构一套自己的学习方法。有了目标，必须通过学习才能实现。流行的各种方法很多，比如费曼学习法❶、西蒙学习法❷、番茄工作法❸等。当然，针对不同的学习目标

---

❶ 费曼学习法源于诺贝尔物理学奖获得者理查德·费曼（Richard Feynman），通过费曼学习法，我们可以将被动学习转化为主动学习，从而有效促进对知识的吸收理解。

❷ 西蒙学习法又称锥形学习法，由诺贝尔经济学奖获得者希尔伯特·西蒙提出，他认为精力的集中好比是锥子的作用力，时间的连续性好比是不停地使锥子往前钻进。

❸ 番茄工作法是一种时间管理方法，旨在提高工作效率和专注力，将番茄时间设为25分钟，专注工作，中途不允许做任何与该任务无关的事，直到番茄时钟响起，进行短暂休息（5分钟就行），然后再开始下一个番茄时间。

以及实现目标的难易程度，我们可以选择不同的学习方法。效果最好的，是懂得建构一套适合自己的学习方法。虽然，构建自己的学习方法需要时间，需要不断试错、不断验证，但是，这样做的好处是很多的。

三是能够高效地实现学习目标。判断一个人的学习方法是否有效，要看能否在较短时间内达到预期目标。比如，同样是新人学习维修一辆宝马汽车，A 需要学习两年才能做到，而 B 只学习了 8 个月即实现了目标，那么 B 的学习方法肯定更有效。

（3）向学习者学习

前面说了，一个合格的学习者至少满足三个条件。即便我们已经成了一名合格的学习者，也要有开阔的胸襟，虚心向学习者学习。

为什么呢？这是因为变化在当下已成为常态，并且变化的速度大大加快。一个人的时间和精力都是有限的，再厉害的人，也只能在一两个，最多三四个领域研究较深。我们的很多工作又涉及交叉学科，面对不懂的或不熟悉的领域，除了自学，还得放下身段，静下心来，虚心向行业的专业人士学习请教。

再以前面的小吴为例。他要想把自媒体做好，并产生经济效益，除了能用到他的会计学知识，拍摄剪辑等知识要向相关专业人士学习，有关黄桃的产品特点，还得向农业专家或种植户请教，而自媒体运营技巧，又得向营销高手取经。

总而言之，向学习者学习，是有百利而无一害的事情，但很多人恰恰没有这个意识，更没有这个胸襟，总觉得自己已经是某一方面的高手，根本没有必要再向其他人学习。殊不知这种认知是狭隘和有害的，对个人成长极为不利。

希望：
你就是别人的希望

2023年下半年，我在成都参加一场活动。活动结束后，一位20多岁的男生怯生生地走过来，对我说：姚老师，你是我的希望！谢谢你！

我被这个男生突如其来的举动震惊到了。互加微信之后，我才断断续续了解到一些他的具体情况。

原来，这个男生来自一个农村家庭，因为家里经济条件不好，上完高中就进入社会打工。但他很喜欢写作，曾经买过我的几本书，也经常看我的公众号。他很想学习写作，但性格内向的他不敢找人主动请教。后来，通过我的公众号，他了解到我同样来自农村，也干过插秧、放牛、砍柴等农活,但我依靠不向命运低头的那股韧劲,一步一步从文学爱好者逐步成长为媒体人和作家。

这位男生说,他在我的身上看到了长期坚持的结果,看到了未来的希望。

(1)希望的力量

俗话说,人生不如意十之八九。任何人在成长过程中都会遇到挫折、痛苦和绝望。

曾经,我觉得这辈子不可能有什么成绩,注定是一个不被注意的人,更不可能成为作家。曾经,无数次,我拿起笔写不出一个字时,严重怀疑自己没水平、没才华、没文笔,不如趁早改行,放弃不赚钱的写作,干脆去做一些能赚快钱的工作。

幸运的是,我坚持了下来。坚持下来的核心力量,就是希望。我始终相信,有人喜欢看我写出来的东西,哪怕只有

100个人，或者10个人喜欢，我就不算失败。

希望是人生中最重要的力量。它激励着我们勇往直前，让我们在黑暗中看到光明，在困境中找到出路。希望是一种强大的动力，能够激发我们的潜能，让我们变得更加强大和坚定。

当我们遭遇挫折和失败时，希望给我们带来了信心和勇气。它让我们明白，只要不断努力，而且方向正确，终会实现梦想。

希望的力量是无穷的，不但可以改变人的思想，还能改变人的行为，甚至改变整个世界。心中有梦的人，他的潜力会被发现和挖掘。一旦失去梦想，我们就与"行尸走肉"没有什么区别。

很小的时候，我曾经梦想过，有朝一日自己能够成为指挥千军万马的大将军，虽然这个梦想实现不了，但有人喜欢我的文字，甚至把我视为希望，我感到非常幸运，也觉得是一件很酷、很幸福的事情。

（2）你能为别人带来什么？

在信息大爆炸时代，随着科技的进步，人们获取最新信息和知识变得极为方便。如果一个人能够让别人看作是人生的希望，多多少少得有一些可取之处。要么是你的专业能力出众，要么是你的品德高尚，要么是你乐于助人，要么是你能够为别人带来价值。

因此，如果你想成为别人的希望，最核心的一点是，你必须得思考自己能为别人带来什么。

如果你是一个积极乐观、专业能力强、智慧又乐于助人的人，可以为别人带来前进的动力和希望。

如果你是一个喜欢抱怨、懒惰成性、不思进取的人，带给别人的只能是负能量。

人与人的交往，核心在于价值互换。可能价值互换这个词听起来有点刺耳，但却是一个实实在在的真相。

当然，这里所说的价值不仅仅是经济利益，还包含了很多其他方面的内容，比如情绪价值、人脉资源等。换句话说，你能为别人提供至少一个方面的价值，你就可能成为别人的希望。

我的中学地理老师，在学校没有担任任何领导职务，但却很受同学们的喜欢和尊敬。上这位地理老师的课，真是一种享受。他上课与众不同，除了讲解课本外，凭借一个破旧的地球仪，能够把世界地理和中国地理讲得头头是道，生动有趣。不仅如此，在地理知识之外，他还会把很多历史知识融入其中，就算之前对地理不感兴趣的同学也听得津津有味。

在我们那一届学生中，好多同学都说这位地理老师真是让人喜欢，不但教给大家丰富的地理知识，还能为大家枯燥的学习生活增添一些趣味。其中一位女生说，这位中学地理老师让她迷恋上了地理，是她人生道路上的指路明灯。后来，她还考上了自然地理学的研究生，下定决心一辈子与地理专业打交道。

（3）不背负希望，活成别人的希望

相信大家对这样一种情况很熟悉：自己被父母寄予厚望，被父母的各种要求裹挟着，被期望考上清华或北大、被期望成为单位领导、被期望每个月赚几万元……父母想做但自己做不到的事情，会自觉或不自觉地一股脑儿地寄希望在孩子的身上，希望孩子能够代替自己实现愿望。

作为孩子，我们背负过太多希望。但是，真正的强者不背负希望，而是活成别人的希望。

背负别人的希望，会压抑我们的个性和创造力，甚至会失去自我。特别是当我们达不到别人的要求时，会随时处于

紧张、自责和绝望的情绪之中，因为在心理上处于被动地位，总觉得对不起别人，我们就会过得不快乐。

如果我们活成别人的希望，是别人的学习对象，就会在心理上处于主动的有利地位，不用每天活在谨慎和恐慌之中。当然，要想真正做到这一点，并非易事。你至少得做到如下几点。

首先，你得在心理上进行彻底翻转，改变过去那些讨好别人、卑微的做法，让自己变得谦卑平和，不自卑，也不自负，做一个尊重自己的人。

其次，你得不断学习提升，努力成为行业的专家和顶尖人才，让自己变得越来越有价值，越来越值钱。

最后，善于将你的价值和作用通过各种方式展现出来，去吸引和影响更多的人，为社会传递更多的正能量。

人生：
想要的人生近在咫尺

如果问大家一个问题：你想要什么样的人生？估计大家的答案会非常有趣。肯定有人会说，就想过上有钱人的生活；也有人会说，期待过上既有钱又有闲的生活；可能也有人会说，钱不用太多，够用就好，主要是身体健康，然后能够做自己喜欢的事情就完美了。

是的，每个人都有自己想要的人生。关键是，面对梦想，我们该如何去实现呢？

其实，我们的梦想有大有小，只要你坚定信心，并且找到有效的做事方法，想要的人生就近在咫尺。

（1）你想要怎样的人生？

每个人在小时候都会为未来的人生做过很多规划，编织过炫丽多彩的梦想。不过，在进入社会，尤其是经历过现实的无情打击之后，我们的梦想可能会发生巨大变化，变得不那么宏大，也变得更加现实。比如，一些人小时候想当科学家，长大后发现科学家并不是自己的兴趣，自己其实只想做一个有工作、有家庭、有点小钱的普通人。

以我本人为例，在社会上艰难跋涉这么多年，踩过很多坑，走过不少弯路，进入不惑之年，我想要的人生比较简单，具体来说，就三个方面。

一是希望把写作这份工作一直做下去，直到写不动的那一天。这份工作是我喜欢，也是我擅长的，能够给我带来成就感和自豪感。在写作的过程中，通过不断学习新知识，持续丰富自己的知识库，可以为有需要的人提供我的帮助，同时多赚一些钱，让自己和家人的生活品质得到提升，我会觉得很开心。

二是希望家庭更加和谐幸福。经历过人生前半段的风风雨雨，步入中年之后，渴望每天能比之前多出两个小时用来陪伴家人，照顾好每一位家庭成员，让家庭更加温馨和谐。

三是有三五位知己好友。人生几十年，我们见过的人可能成千上万，但根据邓巴数字❶，一个人稳定社交网络的人数是148人，而能够不分彼此、分享秘密、互相帮忙的知己好友，不会超过5个。换句话说，绝大多数人只是匆匆过客，不会发生太多实质性的关联。作为普通人，能够拥有三五位好友，足矣。

为了生活不断奔跑的你，有无停下来思考过，自己到底

---

❶ 邓巴数字，又称150定律，由英国牛津大学的人类学家罗宾·邓巴（Robin Dunbar）在20世纪90年代提出。该定律根据猿猴的智力与社交网络推断出：人类智力允许人类拥有稳定社交网络的人数是148人，四舍五入大约是150人。

想要什么样的人生呢？

（2）你想要的人生有多远？

自己想要的人生目标清晰了，接下来需要关心两个问题，一个是我们离目标还有多远？另一个是如何去实现？

肯定有人说，定的目标太简单了，我一天起码可以定10个。

错！如果你还是这种想法，只能说你的认知还处于较低层次。我们定的目标必须是有效的。如果是凭空想象出来的，是假大空的东西，只能叫幻想。通常来说，有效的目标一般具有以下几个特性。

第一，力求高标准。就是你的目标需要认真努力才能达到，而不是唾手可得。

第二，确保能实现。目标太低不行，如果太高，永远实现不了，也是不行的，容易打击人的积极性。

第三，指标要具体。比如你设立的一个目标，是希望陪家人出省旅游几次。那么，就可以明确设定为两次或三次，可量化的标准才容易执行。

第四，设定实施期限。有一个时间期限，目的是可以时刻提醒你，让你有一种紧迫感，不达目的誓不罢休。比如希望陪家人出省旅游几次，设定为一年之内完成，可以起到督促的作用。

第五，把目标写出来。有一些人每年会随意制定一些目标，但只有三分钟热度，之后就完全忘掉了，执行的效果极差。我的建议是把目标写下来，贴在随时看见的地方。本人的做法是：将在某一个时间段想要达到的目标设置成电脑桌面，每天打开电脑时，随时能看到，以便提醒自己。

第六，目标可调整。大的目标制定完成之后，也不能过于死板，当某些关键因素发生根本性改变或出现不可控的因素时，可以对目标进行适当调整和修正。需要注意的是，不到万不得已，不得随便修改或降低目标，而是应该先想办法看看能否继续执行此前的策略。如果随意降低目标，就很容易找到完不成的借口。

那么，你离想要的人生还有多远呢？这就需要客观评估一下。

举个例子，小李现在30岁，月薪1万元，单身，身高172厘米，体重160斤。他期望的后半辈子生活主要有三个目标：到45岁时，存款达到200万元；组建一个小家庭，生育两个孩子；体重保持在130斤左右。

要想实现理想的生活，小李必须从现在开始着手准备，并制订可行的计划，然后不折不扣地执行到位，才有可能达到目标。

（3）高效执行是成功的关键

大部分人之所以无法过上想要的生活，归根结底是执行力太差。在我们的一生中，我们无时无刻不在设立目标。这些目标有大有小，有短期目标，也有中长期目标。比如，对很多高三学生来说，考上北京大学、清华大学、复旦大学等名牌大学，是他们一生中的大目标之一。而今晚加班把工作干完，周六好陪女朋友或男朋友去看电影，则是一个小目标。

通常来说，实现大目标的难度较大，周期长，任务重，花费的时间和付出的努力较多，而小目标相对容易实现。不过，麻烦的是，大目标经常被众多的小目标干扰和阻滞，如果不制订明确的行动计划，高效执行，最终结果大概率是达不到目标的。

继续以前面的小李为例，他为未来的理想生活设定了三个具体目标。我们不妨进行逐一拆解。

第一，到45岁时，存款达到200万元。目前，30岁的他，月薪是1万元，要想在45岁时有200万元存款，一方面，他需要不断提升自己，增强职场竞争力，逐步将自己从普通员工晋升为部门负责人乃至领导，这样一来，月薪就有可能从1万元（年收入12万元）变成年薪30万元。在这期间，他需要结婚生子，买车买房，是存不下多少钱的。因此，他最好再学习和掌握一些投资理财知识，将部分工资收入用于理财，以便增加工资之外的收入。

第二，组建一个小家庭，生育两个孩子。这个目标实现起来的难度也不小。他要找到一个两情相悦的女生谈恋爱、结婚，并且对方也愿意生育两个孩子。

第三，体重保持在130斤左右。目前，小李的体重为160斤，明显超重，这就意味着在未来15年，他必须通过锻炼、控制饮食等方式，减重30斤。看起来这个目标难度不大，但能否实现，关键还是能否高效地执行减肥计划。

可以看到，对大的目标进行拆解之后，小李的 15 年计划有难度大的部分，也有难度不大的部分，无论是哪一种，都得严格高效执行，不能偷懒。唯有如此，想要的人生才能真正触手可及。

精神：
你会为这个世界留下什么

几年前，我曾经去拜访过一位老教授。如今，这位老教授已经离世。但他有一句话让我永远也无法忘记。老教授说，我们不能总是奢求社会为我们带来什么，而应该问问自己，你会为这个世界留下什么？

这个看似简单的发问，可谓直抵人心，发人深省。自从呱呱坠地的那一刻起，每个人的生命就已经进入倒计时，时刻向着死亡靠近。为了度过短暂的几十年，每个人都在人生道路上努力奔跑，有人追求金钱，有人追求名利，有人是为了浪漫的爱情，有人是为了自由的心灵……但很少有人去思考自己会给这个世界留下什么。

（1）我们为什么来到这个世界？

从某种角度来说，作为生命个体来到这个世界，是偶然，而离开这个世界，是必然。

既然来到了这个世界，每个人都有自己的使命。不过，使命并不是上天注定的，也不只有一个。因为它会受到各种内因和外因的影响，人生方向便可能发生改变。

比如，小王的性格特别适合做老师，自己也对老师这一职业很感兴趣，但他在高考时没有考到理想的师范类学校，最后去了一所农学院学习园艺专业，而进入社会之后，考虑到经济压力，他没有做老师，也没有成为园艺师，而是做了一名服装公司的销售人员。

这就是人生，大多数时候，我们并不知道未来会走什么路，一切充满未知和无限可能。特别是长大之后，个人的选择和偶然因素，会影响甚至决定我们的人生方向。

我们都是普通人，偶然来到这个世界，即便真的有使命，也不要轻易认为自己是来拯救地球的，不是每个人都能扛得起"使命"二字。只要你积极向上生长，有自己的追求和目标，勇于担负应该担负的责任，不成为社会的负累，不传播负能量，能够让自己过得下去，就已经很不错了。

更进一步，如果你能为这个世界留下些许有价值的只言片语、先进思想或文化遗产，就堪称优秀了。

时间如此宝贵，生命如此短暂，做一个普通人该做的事，积极拯救自己，远比空怀幻想更具现实意义。

（2）你的潜能超乎想象

很多人总是抱怨这个社会太不公平，上司太刻薄，朋友太功利，反正都是别人的错。但就是不愿意去反思：为什么不让自己变得更强大？

其实,你并不弱小,也不是什么都不懂,关键在于你没有全面认识自己,不了解也还未挖掘出自己的潜力,只要你打破传统认知,完全可以做得更好。

我的一个好朋友,来自五粮液的故乡——四川宜宾,之前做过新闻记者和编辑,也是知名的自由撰稿人,经常给《知音》《家庭》等杂志撰写稿件。前些年,这些刊物的稿费很高,可达千字千元,一篇四五千字的纪实特稿,可拿到稿费几千元,如果文章能被刊物评为月度或年度好稿,还有不菲的奖金,甚至可以被杂志社邀请出国开笔者会。

但是,做了几年的自由撰稿人后,这位朋友去自学了法律,然后顺利通过了司法考试。如今,他已经创办了自己的律师事务所,实现了华丽转身。

这位好友从文字工作者跨界成为专业律师,年收入从之前的十多万元大幅增加到四五十万元。因为跨界转行比较成功,他受到亲朋好友的称赞,也收获了无数人的敬佩。

事实上,在当下的社会,跨界不是什么新鲜事,已经成为新常态。很多人不敢想,不敢尝试,自缚手脚,结果当然是看不到山顶的绝美风景,也找寻不到新的人生机会。

如果你处于人生的低谷,或者想转换一下赛道,只要想好了,请立即大胆追求,勇敢寻梦。就算开辟新的战场没有成功,你也能收获很多。比如学到了新的行业知识,积累了更多的人脉和资源。在未来的人生道路上,这些总有一天会发挥出作用。

你必须也应该相信,自己的潜能超乎想象。从进化论的角度来看,就算我们的大脑开发和利用程度不止传说中的10%,肯定还有一部分未被完全激活和利用。如果这些暂时被"打入冷宫"的智力再激活哪怕5%,你就会比其他人厉害很多倍。

（3）将百折不挠的精神流传下去

说到我们能为这个世界留下什么，不同的人肯定有不同的答案。

优秀的企业家可能留下管理企业的优秀经验、独具一格的商业思维、深邃的思想或者是优良的家风，而有些人可能留下懒惰、抱怨、不思考、不行动等消极的东西。

事实上，穷人与富人的角色是可以互相转换的。一个人出身贫寒，不代表一辈子都是穷人，通过不懈努力，有朝一日他完全有可能成为富人。比如著名企业家李嘉诚，读到初中就被迫辍学，家庭背景并不显赫。但他硬是凭借过人的胆识和精明的商业头脑，成功将事业版图扩展至金融、航运、贸易、能源、工业等多个行业，成为闻名全球的风云人物。相反，含着金钥匙出生的富二代，也不代表一辈子可以坐享其成。如果不思进取，坐吃山空，就算有再多的家产，也会很快被败光。

在我看来，金钱再多，总有花光的一天；位置再高，总有下台之日；身体再强，总有油尽灯枯之时。对于普通人来说，在面对困难和挫折时，从内心生长出来的百折不挠的精神，才是我们留给这个世界最为宝贵、不易消失殆尽的财富，这种特殊的财富能够推动一代又一代人奋勇前进，攻克一个又一个难关，登上一个又一个高峰。

平凡：
成为平凡但不简单的人

这些年来，因为工作原因，我接触的作者、创业者和企业高管很多。熟识了之后，和其中一些人也就成了好朋友。大家在闲聊时，都会摘下面具，敞开心扉，透露一些真实的想法。

交流时大家说得最多的一点是，无论怎么努力，自己都太平凡了。

平凡，似乎成了很多人一辈子打不开的心结。

我相信，大多数人都想成为有智慧、有名望，受人尊敬乃至崇拜的人，但问题是，平凡本身是绝大多数人摆脱不掉的标签。不过，如果你够聪明、够努力和够智慧，完全可以成为平凡但不简单的人。

（1）平凡的人生并不容易

对普通人来说，其实要求并不多，有一份不错的工作、一个温馨幸福的小家庭、一个健康的身体、一个愉悦自己的兴趣爱好，再加上几位好友，此生就算没白过了。

但就是这样一个看似平凡的人生，要想达到并不容易。

比如，你想要一份不错的工作，起码这份工作要干得开心，没有职场PUA❶，工资在当地处于中上水平，能够养活自己。就是这样看起来并不是很高的要求，也并不容易实现。

2013年，我曾跳槽到一家民营医院，任职企划总监，工

---

❶ PUA：目前多指在一段关系中一方通过言语打压、行为否定、精神打压等方式对另一方进行情感操控和精神控制。PUA已延伸至职场、亲子、朋友等人际互动中，不再局限于两性关系。

作职责是根据医院的技术特点和医生实力，与媒体合作，策划一些宣传活动。因为我长期搞文字工作，加上之前在另外一家民营医院做过类似的工作，这份工作对我来说难度不大，可以说是轻车熟路。但是，我却干得很不开心，甚至可以用痛苦不堪来形容。

之所以如此痛苦，是因为这家医院领导派了一位对宣传工作完全不懂的亲戚来做总经理，作为我的直接上级。这位总经理每天对我的工作指指点点，经常深更半夜开会，但又没说到关键点上，在强忍了一个月之后，我毅然提出辞职申请。很显然，我遭遇了职场 PUA，只是当时还没有这个时尚的说法。

又比如说，大家都希望有一个温馨幸福的小家庭，这个目标要达成，难度也不小。首先，你得有一定的经济实力，维持家庭的日常开支；其次，找到一位两情相悦的女性，对方愿意跟你组建家庭；最后，有了孩子之后，家庭成员的身体好，孩子听话懂事，学习不让人操心。

大家可能已经注意到了，任何一个环节和步骤，一旦分拆开来，都是一个艰巨的任务，要想全部完成而且保证过程顺利，自然需要我们付出大量的时间、精力，采取有效的方法。

因此，千万不要小瞧平凡的人生，能够理顺和过好，起码你已经超过了 80% 的人。

（2）不简单的人生能实现吗？

平凡的人生已经不易，如果你还有更大的目标和更多的余力，你可以向不简单的人生再进一步。

那么，不简单的人生到底是什么样子的呢？相信每个人的答案是不一样的。比如，前面我们提到平凡的人生，你起码得有一份不错的工作、一个温馨幸福的小家庭、一个健康的身体、一个取悦自己的兴趣爱好，还有三五好友，不简单的人生，标准肯定要更高。

哪怕我们只是把这些标准稍微提升到一个新的层次，情况就不一样了。比如，你很满意自己的工作，或者有一份真正属于自己的事业，时间自由，经济独立，能够随时陪伴家人，生活品质远超一般普通家庭。如果还有一些余力，可以做做公益，回报社会。

很显然，以上标准提升之后，如果你能够完成一半以上，肯定会超越 90% 的人。

那么，接下来的问题是，不简单的人生，普通人能实现吗？

答案是有可能，但不确定。

从平凡人生到不简单的人生，里面蕴含的东西其实有很多，涉及方方面面，包括你的认知必须提升，心智更加成熟，知识面更广，心理更加强大，付出的时间和努力也将更多。

说得直白一点,你需要由内到外进行颠覆性改变。比如,你之前很懒,只想"躺平摆烂",但又想过上想要的人生,那么你得从现在起,早睡早起,加强学习,从内心和行动上改变自己,要不然一切梦想都只是空想。

你,做好准备了吗?

(3) 做自己的王

我曾经看过一篇文章,说人生有十难。第一难,最难保留的是青春;第二难,最难长久的是生命;第三难,最难保持的是健康;第四难,最难赚到的是金钱;第五难,最难留住的是时间;第六难,最难还清的是人情;第七难,最难看透的是人心;第八难,最难得到的是知己;第九难,最难维系的是家庭;第十难,最难预测的是未来。

仔细想来,这个人生十难的总结真的很精准、很到位。

普通人奋斗一生，想要解决好其中一两个都已经不易，想要全部解决，更是奢望。

在我看来，既然我们偶然来到了这个世界，那么在短暂的几十年光阴里，通过不懈努力，能够主宰自己的命运，逐步掌控自己的人生局面，做自己的王，就是一个成功的人生，让人尊敬的一生！

真正可怕的是，不少人自我封闭，要么选择留在舒适区，要么蜷缩在坚硬的壳里，早已主动"缴械"，放弃了梦想，丢掉了斗志，只能碌碌无为，成为这个世界可有可无的人。

如果你不想被历史的洪流湮没，不想被自己讨厌和瞧不起，而是想活出自己的精彩，活出更大的价值，那么请立刻行动起来，一步一个脚印，努力打败昨天平凡的自己，重新铸造一个更强大且不简单的自己。

结语

经过几个月的撰写和反复打磨，这本书终于完成了。这本书确实写得很实用，不仅是一本方法论集锦，也是一次心灵的启迪之旅，希望能够带领读者朋友们在快节奏的生活中找到平衡和方向。

本书主要围绕突破自我认知局限、用最优的方法提升效率、用科学的方法高效变现、成为别人的学习对象等四大方面展开。这四个方面是当下的人们普遍会遇到，并容易引发心理焦虑的热门话题。本书除了揭示现象，还提出了具体的建议和应对办法，力求让读者朋友在阅读之后，能够从认知上得到提升，大大增强自己的核心竞争力，让自己变得更强大和更智慧，以便能够应对复杂多变的时代环境，破局生长，快速成为一个很厉害的人。

本书的出版，我要对同事和家人的支持表达真诚的谢意。没有大家的鼓励和支持，这本书或许就不会与大家见面。我很幸运，享受了这场酣畅淋漓的写作盛宴。与此同时，我希望并期待你也能享受一场酣畅淋漓的阅读体验。

为了便于读者朋友更好地理解本书内容，我想多说几句。

（1）行动胜于语言

书中谈到的一些内容，你可能也知道，但就是迟迟走不出第一步。比如读书和写作，人人都清楚，对于个人的成长和未来发展极为重要，就是不愿意行动。事实上，如果不去做，就算脑袋里懂得再多，再伟大的理想都只是空想。

（2）站起来才能拯救自己

在日常生活中，很多人自信心严重不足，总认为这不行，那也不行。事实上，你并不是如此差劲，问题的关键在于，你在心理上用一种根深蒂固的思维禁锢着自己。要想解决这个问题，必须先从心理上站起来，才能拯救你自己。心理强大，知识和技能的学习反而是相对容易的。

（3）暂时理解不到位怎么办？

对于部分暂时理解不到位或一时半会理解不够透彻的内容，不要着急，多读几遍，你就会明白其中的奥秘，一旦运用在日常生活中，会取得巨大的成效。比如，向学习者学习，笔者也经历了从不理解到理解，再到顿悟的一个过程。

（4）书中的建议是金科玉律吗？

为了帮助读者朋友缓解焦虑，找到解决问题的钥匙，笔者针对不同的问题提出了一些建议。需要指出的是，这些建议并非金科玉律，仅供参考。这些建议也不可能适用于所有人，提出来的目的是启发思维，激发大家认真思考。每个人的实际情况不同，解决方法也不同，适合自己的方法才是最好的方法。

（5）希望有一天你可以忘掉这本书

写这本书的最终目的，是希望有缘看到的读者朋友能够强大起来，独当一面，成为别人学习和尊敬的对象。如果有一天，你把本书中的内容用于实践并且成功了，你完全可以忘掉这本书。希望有一天你可以忘掉这本书，成为一个很厉害的人，过上你想要的人生，但愿这一天早点到来。